21世纪高等学校规划教材 | 软件工程

软件测试基础教程

郑文强　周震漪　马均飞　编著

清华大学出版社
北京

出版说明

随着我国改革开放的进一步深化,高等教育也得到了快速发展,各地高校紧密结合地方经济建设发展需要,科学运用市场调节机制,加大了使用信息科学等现代科学技术提升、改造传统学科专业的投入力度,通过教育改革合理调整和配置了教育资源,优化了传统学科专业,积极为地方经济建设输送人才,为我国经济社会的快速、健康和可持续发展以及高等教育自身的改革发展做出了巨大贡献。但是,高等教育质量还需要进一步提高以适应经济社会发展的需要,不少高校的专业设置和结构不尽合理,教师队伍整体素质亟待提高,人才培养模式、教学内容和方法需要进一步转变,学生的实践能力和创新精神亟待加强。

教育部一直十分重视高等教育质量工作。2007年1月,教育部下发了《关于实施高等学校本科教学质量与教学改革工程的意见》,计划实施"高等学校本科教学质量与教学改革工程(简称'质量工程')",通过专业结构调整、课程教材建设、实践教学改革、教学团队建设等多项内容,进一步深化高等学校教学改革,提高人才培养的能力和水平,更好地满足经济社会发展对高素质人才的需要。在贯彻和落实教育部"质量工程"的过程中,各地高校发挥师资力量强、办学经验丰富、教学资源充裕等优势,对其特色专业及特色课程(群)加以规划、整理和总结,更新教学内容、改革课程体系,建设了一大批内容新、体系新、方法新、手段新的特色课程。在此基础上,经教育部相关教学指导委员会专家的指导和建议,清华大学出版社在多个领域精选各高校的特色课程,分别规划出版系列教材,以配合"质量工程"的实施,满足各高校教学质量和教学改革的需要。

为了深入贯彻落实教育部《关于加强高等学校本科教学工作,提高教学质量的若干意见》精神,紧密配合教育部已经启动的"高等学校教学质量与教学改革工程精品课程建设工作",在有关专家、教授的倡议和有关部门的大力支持下,我们组织并成立了"清华大学出版社教材编审委员会"(以下简称"编委会"),旨在配合教育部制定精品课程教材的出版规划,讨论并实施精品课程教材的编写与出版工作。"编委会"成员皆来自全国各类高等学校教学与科研第一线的骨干教师,其中许多教师为各校相关院、系主管教学的院长或系主任。

按照教育部的要求,"编委会"一致认为,精品课程的建设工作从开始就要坚持高标准、严要求,处于一个比较高的起点上;精品课程教材应该能够反映各高校教学改革与课程建设的需要,要有特色风格、有创新性(新体系、新内容、新手段、新思路,教材的内容体系有较高的科学创新、技术创新和理念创新的含量)、先进性(对原有的学科体系有实质性的改革和发展,顺应并符合 21 世纪教学发展的规律,代表并引领课程发展的趋势和方向)、示范性(教材所体现的课程体系具有较广泛的辐射性和示范性)和一定的前瞻性。教材由个人申报或各校推荐(通过所在高校的"编委会"成员推荐),经"编委会"认真评审,最后由清华大学出版社审定出版。

目前,针对计算机类和电子信息类相关专业成立了两个"编委会",即"清华大学出版社计算机教材编审委员会"和"清华大学出版社电子信息教材编审委员会"。推出的特色精品教材包括:

(1) 21 世纪高等学校规划教材·计算机应用——高等学校各类专业,特别是非计算机专业的计算机应用类教材。

(2) 21 世纪高等学校规划教材·计算机科学与技术——高等学校计算机相关专业的教材。

(3) 21 世纪高等学校规划教材·电子信息——高等学校电子信息相关专业的教材。

(4) 21 世纪高等学校规划教材·软件工程——高等学校软件工程相关专业的教材。

(5) 21 世纪高等学校规划教材·信息管理与信息系统。

(6) 21 世纪高等学校规划教材·财经管理与应用。

(7) 21 世纪高等学校规划教材·电子商务。

(8) 21 世纪高等学校规划教材·物联网。

清华大学出版社经过三十多年的努力,在教材尤其是计算机和电子信息类专业教材出版方面树立了权威品牌,为我国的高等教育事业做出了重要贡献。清华版教材形成了技术准确、内容严谨的独特风格,这种风格将延续并反映在特色精品教材的建设中。

清华大学出版社教材编审委员会
联系人:魏江江
E-mail:weijj@tup.tsinghua.edu.cn

1. ISTQB® 简介

ISTQB®（International Software Testing Qualifications Board）全称国际软件测试认证委员会，是国际唯一权威的软件测试资质认证机构。ISTQB® 目前拥有 47 个分会，覆盖包括美国、德国、英国、法国、印度等在内的 70 个国家和地区。截至目前全球范围内经过 ISTQB® 认证的软件测试工程师已超过 320 000 人，并以每季度超过 12 000 人的速度递增，使得 ISTQB® 成为测试行业的第一大认证机构，在整个 IT 行业居第三位（仅次于 PMI 和 ITIL）。

CSTQB(Chinese Software Testing Qualifications Board) 全权代表 ISTQB® 在授权区域内推广 ISTQB® 软件测试工程师认证体系，认证、管理培训机构和考试机构，接受 ISTQB® 的全面的业务指导和授权。

2. 编写目的

随着国内对软件测试重视程度的不断提高，ISTQB® 初级认证也得到越来越多的软件企业的认可，且成为软件测试人员从事软件测试工作的"上岗证"。

目前，国内针对 ISTQB® 初级认证的主要参考资料是 ISTQB® 初级认证大纲，包括英文版本和中文版本，以及一些零星的培训资料，从而导致许多学员无法有效地进行 ISTQB® 初级认证的考前学习和复习。

为了帮助参加 ISTQB® 初级认证考试的学员系统学习测试基础知识，以帮助测试人员尽快掌握国际通用的软件测试知识，同时推动国内软件测试行业的国际化和标准化，本书编者一起编写了这本 ISTQB® 初级认证的参考书。本书完全覆盖了 ISTQB® 初级认证大纲的内容，同时在每个章节中罗列了相关的学习目标和测试术语，而且每个章节后面提供了针对学习目标的模拟题和参考答案，以方便测试人员更好地进行复习和学习。

3. 本书结构

本书共 6 个章节，以软件测试过程为基础，详细讲解了软件测试基础知识和基本概念，描述了每个测试阶段涉及的主要测试活动、技术和方法、工具等，以及贯穿于整个测试生命周期的测试管理活动。

第 1 章 软件测试生命周期：介绍了软件测试的一些基本概念，包括软件测试的定义和目的，引起缺陷的主要原因，测试与质量的关系；软件测试的基本原则和测试基本过程;以及测试心理学是如何影响测试成功的。

第2章 软件生命周期中的测试:主要介绍了各种不同的开发模型,组件测试、集成测试、系统测试和验收测试的特点、目的和测试环境的要求等;介绍了常见的测试类型:功能测试、非功能测试、结构测试和与变更相关的测试的特点及区别;同时介绍了在已有软件系统上进行的维护测试的特点,以及什么因素会影响测试深度和广度。

第3章 静态技术:主要描述了静态测试的主要特点,正式评审主要的组成阶段,相关的角色和职责;描述了不同评审类型之间的特点、目的和区别;以及静态分析的特点和主要发现的缺陷类型。

第4章 测试设计技术:主要描述了测试用例开发过程和测试用例设计的不同类型;详细讲解了常见的黑盒测试设计技术原理和覆盖率分析;阐述了白盒测试中的语句覆盖和判定覆盖基本原理和覆盖率要求;讲解了基于经验的测试技术的特点,分别描述了错误推测法和探索性测试在测试实践中的应用。

第5章 测试管理:主要描述了测试团队的不同测试独立性要求,测试过程中涉及的主要管理活动,包括测试计划和估算、测试过程监控、配置管理、风险和测试、缺陷管理等。

第6章 软件测试工具:详细描述测试过程中涉及的主要测试工具的分类,组织内引入工具的主要风险和收益,以及如何通过试点项目高效地在测试团队内部署测试工具。

4. 作者分工

本书作者郑文强、周震漪和马均飞共同承担了本书的编写和评审工作,他们是国内最早参与 ISTQB® 活动的 CSTQB 专家组成员,也是国内最早获得 ISTQB® 初级认证证书和高级证书的成员之一。本书作者有总共超过 50 年的测试工作相关经验,他们对 ISTQB® 软件测试知识体系的深入理解和学习目标的诠释,确信可以为读者带来不一样的感觉。

5. 致谢

本书的出版离不开在我们成长过程中给予我们帮助的同学、同事和朋友,他们为此书的出版提供了诚恳的指导和宝贵的意见。同时,特别感谢 CSTQB 办公室对本书出版的大力支持。

感谢清华大学出版社魏江江主任为本书提供的大力支持,本书才得以在这么短的时间内与大家见面;同时感谢出版社其他同仁,他们的专业素质和敬业精神令我们感动。

最后要感谢我们的家人,这本书的写作占用了大量的晚上和周末的时间,没有他们的支持和鼓励,这本书很难和大家见面。

郑文强

2014 年 12 月

目 录

第1章 软件测试生命周期 ………………………………………………… 1

学习目标 …………………………………………………………………… 1
术语 ………………………………………………………………………… 2
1.1 为什么需要测试 ……………………………………………………… 4
1.1.1 软件系统的重要性 ……………………………………………… 4
1.1.2 引起软件缺陷的原因 …………………………………………… 4
1.1.3 测试在软件开发、维护和运行中的角色 ……………………… 5
1.1.4 测试和质量 ……………………………………………………… 6
1.1.5 测试是否充分 …………………………………………………… 11
1.2 什么是测试 …………………………………………………………… 12
1.2.1 验证软件的正确性 ……………………………………………… 12
1.2.2 发现软件中的缺陷 ……………………………………………… 13
1.2.3 IEEE 给出的定义 ………………………………………………… 14
1.2.4 测试定义总结 …………………………………………………… 15
1.3 软件测试的基本原则 ………………………………………………… 17
1.4 测试的基本过程 ……………………………………………………… 19
1.4.1 测试计划和控制阶段 …………………………………………… 19
1.4.2 测试分析和设计阶段 …………………………………………… 21
1.4.3 测试实现和执行阶段 …………………………………………… 22
1.4.4 评估出口准则和报告 …………………………………………… 24
1.4.5 测试结束活动 …………………………………………………… 26
1.5 测试心理学 …………………………………………………………… 28
1.6 职业道德 ……………………………………………………………… 29
1.7 习题 …………………………………………………………………… 30

第2章 软件生命周期中的测试 …………………………………………… 34

学习目标 …………………………………………………………………… 34
术语 ………………………………………………………………………… 35
2.1 软件开发模型 ………………………………………………………… 37
2.1.1 瀑布模型 ………………………………………………………… 38

		2.1.2 V模型 ……………………………………………………	39
		2.1.3 增量迭代模型 ………………………………………………	40
		2.1.4 生命周期模型中的测试 ……………………………………	45
	2.2	测试级别 …………………………………………………………	46
		2.2.1 组件测试 ……………………………………………………	46
		2.2.2 集成测试 ……………………………………………………	49
		2.2.3 系统测试 ……………………………………………………	53
		2.2.4 验收测试 ……………………………………………………	54
	2.3	测试类型 …………………………………………………………	56
		2.3.1 功能测试 ……………………………………………………	56
		2.3.2 非功能测试 …………………………………………………	57
		2.3.3 结构测试 ……………………………………………………	58
		2.3.4 与变更相关的测试 …………………………………………	58
	2.4	维护测试 …………………………………………………………	59
	2.5	习题 ………………………………………………………………	60

第3章 静态技术 ……………………………………………………………… 63

学习目标 ……………………………………………………………………… 63
术语 …………………………………………………………………………… 64

	3.1	静态技术和测试过程 ……………………………………………	65
	3.2	评审 ………………………………………………………………	66
		3.2.1 正式评审过程 ………………………………………………	66
		3.2.2 角色和职责 …………………………………………………	69
		3.2.3 评审类型 ……………………………………………………	70
		3.2.4 评审成功的因素 ……………………………………………	74
	3.3	静态分析与工具支持 ……………………………………………	75
		3.3.1 编译器分析工具 ……………………………………………	77
		3.3.2 规范标准一致性 ……………………………………………	77
		3.3.3 数据流分析 …………………………………………………	77
		3.3.4 控制流分析 …………………………………………………	79
		3.3.5 圈复杂度 ……………………………………………………	79
	3.4	习题 ………………………………………………………………	81

第4章 测试设计技术 …………………………………………………………… 83

学习目标 ……………………………………………………………………… 83
术语 …………………………………………………………………………… 84

4.1	测试开发过程 ⋯⋯⋯⋯⋯⋯⋯⋯⋯⋯⋯⋯⋯⋯⋯⋯⋯⋯⋯⋯⋯⋯⋯⋯⋯⋯⋯⋯ 85
4.2	测试设计技术的种类 ⋯⋯⋯⋯⋯⋯⋯⋯⋯⋯⋯⋯⋯⋯⋯⋯⋯⋯⋯⋯⋯⋯⋯⋯ 86
4.3	黑盒测试技术 ⋯⋯⋯⋯⋯⋯⋯⋯⋯⋯⋯⋯⋯⋯⋯⋯⋯⋯⋯⋯⋯⋯⋯⋯⋯⋯⋯⋯⋯ 87

- 4.3.1 等价类划分 ⋯⋯⋯⋯⋯⋯⋯⋯⋯⋯⋯⋯⋯⋯⋯⋯⋯⋯⋯⋯⋯⋯⋯ 88
- 4.3.2 边界值分析 ⋯⋯⋯⋯⋯⋯⋯⋯⋯⋯⋯⋯⋯⋯⋯⋯⋯⋯⋯⋯⋯⋯⋯ 97
- 4.3.3 决策表测试 ⋯⋯⋯⋯⋯⋯⋯⋯⋯⋯⋯⋯⋯⋯⋯⋯⋯⋯⋯⋯⋯⋯⋯ 102
- 4.3.4 状态转换测试 ⋯⋯⋯⋯⋯⋯⋯⋯⋯⋯⋯⋯⋯⋯⋯⋯⋯⋯⋯⋯⋯⋯ 107
- 4.3.5 用例测试 ⋯⋯⋯⋯⋯⋯⋯⋯⋯⋯⋯⋯⋯⋯⋯⋯⋯⋯⋯⋯⋯⋯⋯⋯ 113

4.4 白盒测试技术 ⋯⋯⋯⋯⋯⋯⋯⋯⋯⋯⋯⋯⋯⋯⋯⋯⋯⋯⋯⋯⋯⋯⋯⋯⋯⋯⋯⋯⋯ 115

- 4.4.1 语句覆盖和覆盖率 ⋯⋯⋯⋯⋯⋯⋯⋯⋯⋯⋯⋯⋯⋯⋯⋯⋯⋯⋯ 116
- 4.4.2 判定覆盖和覆盖率 ⋯⋯⋯⋯⋯⋯⋯⋯⋯⋯⋯⋯⋯⋯⋯⋯⋯⋯⋯ 117
- 4.4.3 其他白盒测试技术 ⋯⋯⋯⋯⋯⋯⋯⋯⋯⋯⋯⋯⋯⋯⋯⋯⋯⋯⋯ 119

4.5 基于经验的测试技术 ⋯⋯⋯⋯⋯⋯⋯⋯⋯⋯⋯⋯⋯⋯⋯⋯⋯⋯⋯⋯⋯⋯⋯⋯ 119
4.6 选择测试技术 ⋯⋯⋯⋯⋯⋯⋯⋯⋯⋯⋯⋯⋯⋯⋯⋯⋯⋯⋯⋯⋯⋯⋯⋯⋯⋯⋯⋯⋯ 120
4.7 习题 ⋯⋯⋯⋯⋯⋯⋯⋯⋯⋯⋯⋯⋯⋯⋯⋯⋯⋯⋯⋯⋯⋯⋯⋯⋯⋯⋯⋯⋯⋯⋯⋯⋯⋯⋯⋯ 122

第 5 章 测试管理 ⋯⋯⋯⋯⋯⋯⋯⋯⋯⋯⋯⋯⋯⋯⋯⋯⋯⋯⋯⋯⋯⋯⋯⋯⋯⋯⋯⋯ 129

学习目标 ⋯⋯⋯⋯⋯⋯⋯⋯⋯⋯⋯⋯⋯⋯⋯⋯⋯⋯⋯⋯⋯⋯⋯⋯⋯⋯⋯⋯⋯⋯⋯⋯⋯⋯⋯ 129
术语 ⋯⋯⋯⋯⋯⋯⋯⋯⋯⋯⋯⋯⋯⋯⋯⋯⋯⋯⋯⋯⋯⋯⋯⋯⋯⋯⋯⋯⋯⋯⋯⋯⋯⋯⋯⋯⋯⋯ 131
5.1 测试组织 ⋯⋯⋯⋯⋯⋯⋯⋯⋯⋯⋯⋯⋯⋯⋯⋯⋯⋯⋯⋯⋯⋯⋯⋯⋯⋯⋯⋯⋯⋯⋯⋯ 132

- 5.1.1 测试组织和测试独立性 ⋯⋯⋯⋯⋯⋯⋯⋯⋯⋯⋯⋯⋯⋯⋯⋯ 132
- 5.1.2 测试组长(测试经理)和测试人员的任务 ⋯⋯⋯⋯⋯⋯ 135

5.2 测试计划和估算 ⋯⋯⋯⋯⋯⋯⋯⋯⋯⋯⋯⋯⋯⋯⋯⋯⋯⋯⋯⋯⋯⋯⋯⋯⋯⋯⋯ 137

- 5.2.1 测试计划 ⋯⋯⋯⋯⋯⋯⋯⋯⋯⋯⋯⋯⋯⋯⋯⋯⋯⋯⋯⋯⋯⋯⋯⋯ 137
- 5.2.2 测试计划活动 ⋯⋯⋯⋯⋯⋯⋯⋯⋯⋯⋯⋯⋯⋯⋯⋯⋯⋯⋯⋯⋯ 142
- 5.2.3 入口准则 ⋯⋯⋯⋯⋯⋯⋯⋯⋯⋯⋯⋯⋯⋯⋯⋯⋯⋯⋯⋯⋯⋯⋯⋯ 144
- 5.2.4 出口准则 ⋯⋯⋯⋯⋯⋯⋯⋯⋯⋯⋯⋯⋯⋯⋯⋯⋯⋯⋯⋯⋯⋯⋯⋯ 145
- 5.2.5 测试估算 ⋯⋯⋯⋯⋯⋯⋯⋯⋯⋯⋯⋯⋯⋯⋯⋯⋯⋯⋯⋯⋯⋯⋯⋯ 145
- 5.2.6 测试策略/测试方法 ⋯⋯⋯⋯⋯⋯⋯⋯⋯⋯⋯⋯⋯⋯⋯⋯⋯⋯ 150

5.3 测试过程的监控 ⋯⋯⋯⋯⋯⋯⋯⋯⋯⋯⋯⋯⋯⋯⋯⋯⋯⋯⋯⋯⋯⋯⋯⋯⋯⋯⋯ 151

- 5.3.1 测试过程监视 ⋯⋯⋯⋯⋯⋯⋯⋯⋯⋯⋯⋯⋯⋯⋯⋯⋯⋯⋯⋯⋯ 151
- 5.3.2 测试报告 ⋯⋯⋯⋯⋯⋯⋯⋯⋯⋯⋯⋯⋯⋯⋯⋯⋯⋯⋯⋯⋯⋯⋯⋯ 157
- 5.3.3 测试控制 ⋯⋯⋯⋯⋯⋯⋯⋯⋯⋯⋯⋯⋯⋯⋯⋯⋯⋯⋯⋯⋯⋯⋯⋯ 157

5.4 配置管理 ⋯⋯⋯⋯⋯⋯⋯⋯⋯⋯⋯⋯⋯⋯⋯⋯⋯⋯⋯⋯⋯⋯⋯⋯⋯⋯⋯⋯⋯⋯⋯⋯ 158
5.5 风险和测试 ⋯⋯⋯⋯⋯⋯⋯⋯⋯⋯⋯⋯⋯⋯⋯⋯⋯⋯⋯⋯⋯⋯⋯⋯⋯⋯⋯⋯⋯⋯ 159

- 5.5.1 项目风险 ⋯⋯⋯⋯⋯⋯⋯⋯⋯⋯⋯⋯⋯⋯⋯⋯⋯⋯⋯⋯⋯⋯⋯⋯ 159

    5.5.2 产品风险 ·········· 160
  5.6 事件管理 ·········· 162
    5.6.1 缺陷状态和相关角色 ·········· 162
    5.6.2 缺陷报告和跟踪 ·········· 166
  5.7 习题 ·········· 170

第 6 章 软件测试工具 ·········· 173

  学习目标 ·········· 173
  术语 ·········· 174
  6.1 测试工具的类型 ·········· 175
    6.1.1 使用测试工具的意义和目的 ·········· 175
    6.1.2 测试工具分类 ·········· 176
    6.1.3 测试管理的工具支持 ·········· 177
    6.1.4 静态测试的工具支持 ·········· 179
    6.1.5 测试说明的工具支持 ·········· 179
    6.1.6 测试执行和记录工具 ·········· 181
    6.1.7 性能测试工具和监测器 ·········· 182
  6.2 有效使用工具：可能的收益与风险 ·········· 182
  6.3 组织内引入工具 ·········· 184
    6.3.1 选择工具的过程 ·········· 185
    6.3.2 被选工具的试用——试点项目 ·········· 185
    6.3.3 工具的部署 ·········· 186
  6.4 习题 ·········· 186

附录一 ISTQB 初级认证考试考题分布 ·········· 189

附录二 课后习题参考答案 ·········· 190

附录三 参考资料 ·········· 192

第 1 章 软件测试生命周期

学习目标

编号	学习目标描述	级别
LO-1.1.1	通过具体的例子,描述软件中的缺陷会以什么样的方式损害个人、环境或者公司利益	K2
LO-1.1.2	区分引起缺陷的根本原因及其影响	K2
LO-1.1.3	通过举例的方式说明为什么需要测试	K2
LO-1.1.4	描述为什么测试是质量保证的一部分,通过举例说明测试是如何提高软件质量的	K2
LO-1.1.5	通过举例来理解和比较术语错误、缺陷、故障、失效的概念以及相应的定义	K2
LO-1.2.1	认识测试的总体目标	K1
LO-1.2.2	举例说明软件生命周期中不同阶段的测试目标	K2
LO-1.2.3	区分测试与调试	K2
LO-1.3.1	说明测试的 7 个基本原则	K2
LO-1.4.1	认识从测试计划开始到结束过程的 5 个基本测试活动和各自的任务	K1
LO-1.5.1	认识影响测试成功与否的心理因素	K1
LO-1.5.2	对比测试人员和开发人员的思维方式的差异	K2

术语

术　语	含　义	解　释
Bug/Defect/Fault	缺陷	可能会导致软件组件或系统无法执行其定义的功能的瑕疵,例如错误的语句或变量定义。如果在组件或系统运行中遇到缺陷,可能会导致运行的失败
Error/Mistake	错误	人为的产生不正确结果的行为
Failure	失效	组件/系统与预期的交付、服务或结果存在的偏差
Risk	风险	将会导致负面结果的因素,通常表达成可能的(负面)影响
Quality	质量	组件、系统或过程满足指定需求或用户/客户需要及期望的程度
Debugging	调试	发现、分析和去除软件失败根源的过程
Requirement	需求	一个系统或者系统中的组件为了帮助用户解决问题或者达到一个目的所需要具备的条件或者能力。通过系统或者系统的组件的运行以满足合同、标准、规格或其他指定的正式文档定义的要求
Review	评审	对产品或产品状态进行的评估,以确定与计划的结果所存在的误差,并提供改进建议。例如,管理评审、非正式评审、技术评审、审查和走查
Test Case	测试用例	为特定目标或测试条件(例如,执行特定的程序路径,或是验证与特定需求的一致性)而制订的一组输入值、执行入口条件、预期结果和执行出口条件
Testing	测试	包括了所有软件生命周期活动的过程,有静态的也有动态的。涉及计划、准备和对软件及其相关工作产品的评估,以发现缺陷来判定软件或软件的工作产品是否满足特定需求,证明它们是否符合目标
Test Objective	测试目标	设计和执行测试的原因或目的
Exhaustive Testing	穷尽测试	测试套件包含了软件输入值和前提条件所有可能组合的测试方法
Confirmation Testing	确认测试	参见 re-testing
Re-Testing	再测试	重新执行上次失败的测试用例,以验证纠错的正确性
Exit Criteria	出口准则	和利益相关者达成一致的系列通用和专门的条件,来正式定义一个过程的结束点。出口准则可以防止将没有完成的任务错误地看成已经完成的任务。测试中使用的出口准则可以用来报告和计划什么时候可以停止测试
Incident	事件	任何有必要调查的事情

续表

术　语	含　义	解　释
Regression Testing	回归测试	测试先前测试过并修改过的程序,确保更改没有给软件其他未改变的部分带来新的缺陷。软件修改后或使用环境变更后要执行回归测试
Test Basis	测试依据	能够从中推断出组件/系统需求的所有文档。测试用例是基于这些文档的。只能通过正式的修正过程来修正的文档称为固定测试依据
Test Condition	测试条件	组件/系统中能被一个或多个测试用例验证的条目或事件。例如功能、事务、特性、质量特性或者结构化元素
Test Coverage	测试覆盖	参见 coverage
Coverage	覆盖	用于确定执行测试套件所能覆盖项目的程度,通常用百分比来表示
Test Data	测试数据	在测试执行之前存在的数据(如在数据库中),这些数据与被测组件/系统相互影响
Test Execution	测试执行	对被测组件/系统执行测试,产生实际结果的过程
Test Log	测试日志	按时间顺序排列的有关测试执行所有相关细节的记录
Test Plan	测试计划	描述预期测试活动的范围、方法、资源和进度的文档。它标识了测试项、需测试的特性、测试任务、任务负责人、测试人员的独立程度、测试环境、测试设计技术、测试的进入和退出准则和选择的合理性、需要紧急预案的风险,是测试策划过程的一份记录
Test Procedure Specification	测试规程说明	规定了执行测试的一系列行为的文档。也称为测试脚本或手工测试脚本
Testpolicy	测试方针	描述有关组织测试的原则、方法和主要目标的高级文档
Test Suite	测试套件	用于被测组件/系统的一组测试用例。在这些测试用例中,一个测试的出口条件通常用作下个测试的入口条件
Test Summary Report	测试总结报告	总结测试活动和结果的文档,也包括对测试项是否符合退出准则进行的评估
Testware	测试件	在测试过程中产生的测试计划、测试设计和执行测试所需要的人工制品,例如文档、脚本、输入、预期结果、安装和清理步骤、文件、数据库、环境和任何在测试中使用的软件和工具
Error Guessing	错误推测	一种测试设计技术,根据测试人员以往的经验,猜测在组件或系统中可能出现的缺陷以及错误,并以此为依据来进行特殊的用例设计以暴露这些缺陷
Independence of Testing	测试独立性	职责分离,有助于客观地进行测试

1.1 为什么需要测试

1.1.1 软件系统的重要性

软件无处不在,软件系统越来越成为人们生活中不可或缺的部分。从商业应用到消费产品各个领域,人们在享受软件系统给生活带来的便利的同时,也承担着软件缺陷所带来的不良后果。软件的不正确执行可能会引发许多问题,包括资金损失、时间浪费和商业信誉的丧失等,甚至导致人身伤害和死亡。

由软件缺陷所导致的事故在人们的生活中并不少见,例如大家耳熟能详的"千年虫"冲击波事故;网站承受不了大量用户访问而导致的崩溃事故;ATM 由于提款机内部软件缺陷导致用户提款操作失败,但是账户上的余额却被意外扣除的事故;还有大家非常熟悉的手机,由于手机软件缺陷导致手机经常死机或者通话中断的现象比比皆是。软件缺陷不仅影响了用户的正常使用,而且一定程度上降低了商家的信誉度。可见,日常生活中软件缺陷无处不在,由它导致的不良后果也在时刻影响着人们生活的方方面面,因此,软件测试的重要性不容忽视。

2013 年美国联邦政府的在线保险网站已经成为 IT 领域出错的一个典型事件。这次事件不单单是一次简单的停机事件。该故障导致了一系列的硬中断和软中断,最终使该网站的功能几乎全部丧失。联邦政府曾尝试增加更多硬件设施来做弥补,但该网站从 12 月初开始出现问题,直到奥巴马政府的"IT 团队"正确定位软件和解决数据瓶颈时才恢复其功能。之后,又通过正式成立医疗改革法案以及政治审查,该网站的性能才趋于完备。恢复之后的网站在一些会导致系统崩溃的关键点上加强了防备。[①]

1.1.2 引起软件缺陷的原因

所有的人都会犯错误,因此由人设计的代码、系统和文档中都可能引入缺陷。当执行存在缺陷的代码时,系统就可能无法执行期望的指令(或者做了不应该执行的指令),从而引起软件失效。虽然软件、系统和文档中的缺陷可能会引起失效,但并不是所有的缺陷都会引起失效。

测试过程中经常会碰到软件相关的问题,不同的人对问题的称呼也不同,例如错误(Mistake/Error)、缺陷(Fault/Defect/Bug)、失效(Failure)等。这些术语,虽然在平时讨论的时候,可能有共同之处,都是指软件中存在的一些问题。但是它们的具体含义和定义是不一样的。ISTQB(International Software Testing Qualifications Board)对这些术

---

① http://server.zdnet.com.cn/server/2014/0103/3007608.shtml,2013 年度全球市场十大服务器宕机事件.

语的定义,可以帮助大家更好地理解它们的真正含义和它们之间的相互关系。

(1) 错误:人为的产生不正确结果的行为。

(2) 缺陷:可能会导致软件组件或系统无法执行其定义的功能的瑕疵,例如错误的语句或变量定义。如果在组件或系统运行中遇到缺陷,可能会导致运行的失效。

(3) 失效:组件/系统与期望的交付、服务或结果存在的偏差。失效是缺陷的外部反映。

从上面的定义中可以得出这样的关系:人为的错误导致一个不正确的结果,这个不正确的结果可以存在于代码中,也可能体现在文档上,它们被称为缺陷;而内在的缺陷是人为错误的具体表现,可以是不正确的文档、程序段、指令或数据定义,它们可能会引起一个外部的失效。失效是执行软件时缺陷的外部反映,如图1-1所示。

图1-1　软件失效的演变过程

失效除了由缺陷造成以外,也可能是由于环境条件引起的。放射、电磁辐射和污染等都有可能引起硬件的故障,或者由于硬件条件的改变而影响软件的执行,从而导致其期望结果与实际观察到的结果之间存在偏差,例如系统的不正确反应、崩溃、死机等。

静态测试可以发现缺陷,而动态测试发现的是失效。在软件开发生命周期的不同阶段,可以采用不同的技术和方法来发现软件中存在的缺陷和失效。例如,在开发阶段,代码和设计的静态评审可以发现其中存在的缺陷;而在动态测试过程中,通过执行测试用例可以发现可能的失效。

1.1.3　测试在软件开发、维护和运行中的角色

软件测试是软件开发生命周期中关键的质量保证活动之一。实施严格规范的测试有助于发现软件开发过程中不同阶段的缺陷,尽可能在本阶段发现缺陷并予以修改,避免将缺陷带入下一个阶段。缺陷不仅具有雪崩现象(缺陷放大效应),并且发现缺陷越晚,修改缺陷的成本也越高。所以在软件开发过程中,测试应该尽早介入。

对软件系统和文档进行严格的测试,可以减少软件系统在运行环境中的风险。假如在软件正式发布之前发现和修正了缺陷,就可以提高软件系统的质量。进行软件测试也可能是为了满足合同和法律法规的需求,或者是为了满足行业标准。

软件在使用过程中可能由于硬件、环境及软件自身等原因出现各种问题,通过测试

能发现问题,或者通过测试模拟可能出现的问题,从而为修复缺陷提供必需的各种信息。在软件的维护阶段,软件测试可以发现由于软件修改或功能增加而导致的问题,该阶段的测试也包括对文档和软件系统的测试。

软件测试应该作为开发过程和测试过程改进的重要组成部分。通过软件测试得到的项目信息、过程信息以及其他的一些测试结果,来分析和度量测试效率和产品质量。并且通过收集和分析过程中得到的数据和结果,制订相应的改进计划和活动,不断改进软件开发过程和测试过程。

1.1.4 测试和质量

2001 年,软件产品质量国际标准 ISO/IEC－标准 9126［ISO/IEC 9126］正式发布(对应的国标为 GB/T 16260),其中详细定义了软件质量特性,包括内部质量、外部质量和使用质量三部分,即软件满足规定或潜在用户需求的能力,分别从软件内部、外部和使用中的表现三个方面来衡量软件的质量。这里的"用户"不仅指真正意义上的外部用户,即购买并使用此产品的独立于开发方和测试方的第三方用户,还包括"内部用户",即开发人员在一定程度上是设计人员的用户,设计人员要考虑到开发人员的现有资源和开发的需求;而测试人员在一定程度上又是开发人员的用户,开发人员也应考虑到这一部分用户的需求。另一方面,软件质量定义中的"规定的需求",一般指外部用户需求中精确定义的功能、性能以及开发标准等需求。但是除规定的需求外,往往有一些隐含的需求没有提出来,这些隐含的需求称为"潜在的需求",例如软件产品必须具有同类产品都符合的默认的行业准则。

软件的产品质量可以通过测试软件产品的内部属性(典型的是对中间产品进行的静态测试),也可以通过测试软件产品的外部属性(典型的是通过测试代码执行时行为的动态测试),或者通过测量软件产品的使用质量属性来评价。而软件产品开发的过程质量的提高有助于提高产品质量,而产品质量的提高又有助于提高使用质量。因此,评估和改进过程是提高软件产品质量的一种有效手段,而评价和改进产品质量则是提高使用质量的一种方法。同样,评价使用质量可以为改进产品质量提供反馈,而评价产品质量可以为改进过程提供反馈。它们之间的关系如图 1-2 所示。

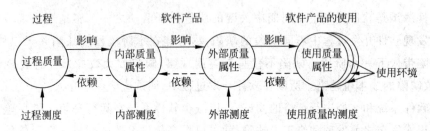

图 1-2 软件生命周期中的质量

1. 内部质量和外部质量

软件产品的内部质量和外部质量包括相同的 6 个质量特性,它们分别是功能性(Functionality)、可靠性(Reliability)、易用性(Usability)、效率(Efficiency)、可维护性(Maintainability)和可移植性(Portability),每个质量特性可以进一步细分为若干个不同的子特性,如图 1-3 所示。

图 1-3 内部质量和外部质量的质量模型

1) 功能性

功能性指的是软件产品在指定条件下使用时,软件产品提供满足明确和隐含要求的功能的能力。功能性主要包含以下子特性。

(1) 适合性(Suitability):软件产品为指定的任务和用户目标提供一组合适的功能的能力。例如功能或者操作是否按照用户手册或者需求说明中规定的那样执行,功能或者操作是否提供合理的和可接受的结果以实现用户所期望的特定目标。

(2) 准确性(Accuracy):软件产品提供具有所需精度的正确或者相符的结果或者效果的能力。例如由于数据精度的错误导致错误的计算结果,在运行期间所执行的任务的实际结果与预期的结果有差别,实际的操作规程与操作手册上描述的规程不一致。

(3) 互操作性(Interoperability):软件产品与一个或者更多的规定系统之间进行交互的能力。例如,数据和命令格式,在软件产品和与之相连的其他系统之间是否易于传送。

(4) 安全保密性(Security):软件产品保护信息和数据的能力,以使未授权的人员或者系统不能阅读或者修改这些信息和数据,而不拒绝授权人员或者系统对它们的访问。例如,未能防止安全保密输出信息或数据的泄漏;未能防止重要数据的丢失;未能防止非法的访问或者非法的操作。

(5) 功能性的依从性(Functionality Compliance):软件产品遵循与功能性相关的标准、约定或者法规以及类似规定的能力。例如,使用 FTP 进行文件传输的软件需要符合 FTP 的协议要求。

2) 可靠性

可靠性指的是在指定条件下使用时,软件产品维持规定的性能级别的能力。软件产品不会损耗或者老化,因此其可靠性的局限是由于需求、设计和实现中的缺陷所致。由这些缺陷引起的失效取决于软件产品的使用方式和所选择的程序选项,而不是经过的时间。可靠性主要包含以下子特性。

(1) 成熟性(Maturity):软件产品为避免由于软件中的故障或缺陷而导致失效的能力。

(2) 容错性(Fault Tolerance):在软件出现故障或者会违反其指定接口的情况下,软件产品维持规定的性能级别的能力。

(3) 易恢复性(Recoverability):在失效发生的时候,软件产品重建规定的性能级别并恢复受直接影响的数据的能力。

(4) 可靠性的依从性(Reliability Compliance):软件产品遵循与可靠性相关的标准、约定或法规的能力。

3) 易用性

易用性指的是在指定条件下使用时,软件产品被理解、学习、使用和吸引用户的能力。这里的用户包括操作员、最终用户和受该软件的使用影响或者依赖于该软件使用的间接用户。易用性必须针对软件所影响的所有不同的用户环境,可能包括对使用的准备和结果的评价。易用性主要包含以下子特性。

(1) 易理解性(Understandability):软件产品使用户能理解软件是否合适以及如何能将软件用于特定的任务和使用条件的能力。例如,用户如何利用软件产品去完成一项特殊的任务。

(2) 易学性(Learnability):软件产品使用户能学习其应用的能力。例如,用户需要用多长的时间才能学会使用某一特殊的功能。

(3) 易操作性(Operability):软件产品使用户能操作和控制它的能力。

(4) 吸引性(Attractiveness):软件产品吸引用户的能力。例如,软件产品中的颜色使用和图形化设计特征是否吸引用户。

(5) 易用性的依从性(Usability Compliance):软件产品遵循与易用性相关的标准、约定、风格指南(Style Guide)或者法规的能力。

4) 效率

效率指的是在规定条件下,相对于所用的资源的数量,软件产品可提供适当性能的能力。资源可能包括其他软件产品、系统的软件和硬件配置,以及其他相关的资源(例如打印纸、磁盘等)。效率主要包含以下子特性。

(1) 时间特性(Time Behavior):在规定条件下,软件产品执行其功能时,提供适当的响应和处理时间以及吞吐量的能力。例如,用户申请加入IGMP组播组的响应时间和处理时间。

(2) 资源利用性(Resource Utilization):在规定条件下,软件产品执行其功能时,使用合适数量和类别的资源的能力。例如,多个用户同时申请加入IGMP组播组时系统的内存使用情况。

(3) 效率的依从性(Efficiency Compliance)：软件产品遵循与效率相关的标准或者约定的能力。

5) 可维护性

可维护性指的是软件产品可被修改的能力，这里的修改包括纠正、改进或者软件对环境、需求和功能说明变化的适应能力。可维护性主要包含以下子特性。

(1) 易分析性(Analysability)：与为诊断缺陷或失效原因及为判定待修改的部分所需努力有关的软件属性。例如，当试图诊断缺陷或者失效的原因时，易分析性可以通过维护者或者用户的工作量或者耗费的资源来测量。

(2) 易改变性(Changeability)：软件产品使指定的修改可以被实现的能力。实现包括编码、设计和文档的更改。易改变性也可以通过维护者或者用户针对修改所花的工作量来进行测量。

(3) 稳定性(Stability)：软件产品避免由于软件修改而造成意外结果的能力。

(4) 易测试性(Testability)：软件产品使已修改软件能被确认的能力。

(5) 可维护性的依从性(Maintainability Compliance)：软件产品遵循与可维护性相关的标准、规范或者约定的能力。

6) 可移植性

可移植性指的是软件产品从一种环境迁移到另外一种环境的能力。环境可包括组织、硬件或者软件的环境。可移植性主要包含以下子特性。

(1) 适应性(Adaptability)：软件产品无须采用额外的活动或者手段就可以适应不同指定环境的能力。例如，适应性包括内部容量的可伸缩性(屏幕域、表、报告格式的伸缩性)。

(2) 易安装性(Installability)：软件产品在指定环境中能被安装的能力。

(3) 共存性(Co-Existence)：软件产品在公共环境中同与其分享公共资源的其他独立软件共存的能力。

(4) 易替换性(Replaceability)：软件产品在同样环境下，替代另一个相同用途的指定软件产品的能力。软件产品的新版本的易替换性在升级时对用户而言是非常重要的。

(5) 可移植性的依从性(Portability Compliance)：软件产品遵循与可移植性相关的标准或者约定的能力。

2. 使用质量

使用质量指的是软件产品使指定用户在特定的使用环境下达到满足有效性(Effectiveness)、生产率(Productivity)、安全性(Safety)以及满意度(Satisfaction)要求的特定目标的能力。使用质量是基于用户观点的质量，使用质量的获得依赖于取得必需的外部质量，而外部质量的获得则依赖于取得必需的内部质量。软件产品的使用质量分为4个质量特性，它们分别是有效性、生产率、安全性和满意度，如图1-4所示。

图 1-4 使用质量的质量模型

（1）有效性：软件产品在指定的使用环境下，使用户达到与准确性和完备性相关的规定目标的能力。

（2）生产率：软件产品在指定的使用环境下，使用户为达到有效性而消耗适当数量的资源的能力。相关资源包括完成任务的时间、用户的工作量、物质材料和使用的财政支出等。

（3）安全性：软件产品在指定的使用环境下，达到对人类、业务、软件、财产或者环境造成损耗的可接受的风险级别的能力，风险通常是由功能性、可靠性、易用性或者可维护性中的缺陷所致。

（4）满意度：软件产品在指定的使用环境下，使用户满意的能力。满意度是用户与产品交互的反应，当然还包括对软件产品使用的意见。

测试人员的一项重要任务是通过测试提高软件质量，但不等于说软件测试人员就是软件质量保证人员，因为测试只是软件质量保证工作中的一个环节。软件质量保证和软件测试是软件质量工程的两个不同层面的工作。

软件质量保证的重要工作是通过预防、检查与改进来保证软件质量。在软件质量保证活动中也有一些测试活动，但所关注的是软件质量的检查与测量。软件质量保证的工作是在软件生命周期中管理以及检查软件是否满足规定的质量和用户的需求，因此主要着眼于软件开发活动中的过程、步骤和产物，而不是对软件进行剖析找出问题或进行评估。软件质量保证的另一个工作是建立软件质量标准、评审过程和方法以及测试过程，同时跟踪、审计和评审软件开发和测试过程中发现的问题，从而帮助改进开发过程和测试过程。质量保证包括以下主要工作内容。

（1）建立软件质量保证活动的实体。

（2）制订软件质量保证计划。

（3）坚持各阶段的评审和审计，跟踪其结果，并进行合适的处理。

（4）监控软件产品的质量。

（5）收集和分析软件质量保证活动的数据。

（6）度量软件质量保证活动。

软件测试关心的不是过程，而是对过程的产物以及开发出的软件产品进行剖析。测试人员对软件产品进行动态测试，对过程中的工作产品，例如需求文档、设计文档和源代码进行静态测试，以找出问题，从而评估软件产品质量。测试人员必须假设软件存在潜在的问题，测试中所做的操作是为了找出更多的问题，而不仅仅是为了验证每个功能或者需求条目是否正确。对测试中发现的问题的分析、跟踪与回归测试也是软件测试中的重要工作。软件测试包括以下主要阶段。

（1）测试计划和控制。
（2）测试分析和设计。
（3）测试实现和执行。
（4）评估出口准则和报告。
（5）测试结束活动。

通过测试可以发现软件系统存在的缺陷，包括功能缺陷和非功能缺陷，当测试发现很少或者没有发现缺陷的时候，开发者和用户就会对软件的质量充满信心。一个设计正确、合理的测试完成并顺利通过，可以降低软件系统存在问题的风险。而对测试过程中发现的缺陷进行修正，则可使软件系统的质量提高。所以说，软件测试是提高软件质量的一个重要手段。

1.1.5 测试是否充分

在判断测试是否充分时，需要考虑风险以及项目在时间和预算上的限制。测试需要给利益相关者提供足够的信息，帮助他们决定是发布已测的软件或系统，还是继续进行下阶段的测试。

测试是否充分，或者说什么时候可以结束测试，这就涉及测试出口准则的定义。在时间和资源有限的条件下，要进行完全测试或者穷尽测试，找出所有的软件缺陷，开发出完美的软件产品，几乎是不可能的。

下面以一个包含简单控制流的小程序为例，来说明完全测试或者穷尽测试几乎是不可能的。设该程序由 4 个嵌套的连接部分（IF 指令）组成，相应的控制流图如图 1-5 所示。

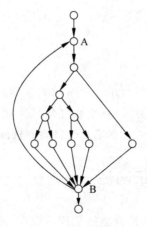

图 1-5　控制流图

点 A 和点 B 之间是一个循环，有一个从点 B 到点 A 的返回。如果要使程序在基于控制流的各种不同可能性下得到完全的测试，那么必须执行每个可能的连接组合。假设循环的上限是 20 次并且所有的连接都是独立的,则可以用以下计算方法得出测试用例数量: $5^{20}+5^{19}+5^{18}+5^{17}+\cdots+5^1$。

其中 5 是循环中可能的执行路径数目。执行循环中的每一个可能路径得到 5 个测试用例,每个测试用例都不返回到循环的起始点。如果执行的测试用例结果返回到循环起始点,则必须考虑 $5\times5=25$ 个不同的执行可能性,以此类推。由此可见,根据上面计算的结果,存在大约 119 209 289 550 780 种不同的程序序列。

假设通过人工的方式来完成测试,一个测试用例需要耗费 5min 来进行准备、执行和分析,则针对该程序的测试所要耗费的时间将是十亿年。如果用 $5\mu s$ 来代替 5min,通过自动的方式来运行测试,那么测试仍然需要持续 19 年。

可见,即使一个规模很小的软件,其路径排列组合的数量也是非常庞大的。在实际操作中,对这么小的程序进行穷尽测试都是几乎不可能完成的。事实上软件测试在一定程度上是一个随机抽样的过程,测试人员只可能考虑所有可以想象的测试用例中的一部分。受时间和资源的限制,在测试中不可能运行路径中的每一种组合。那么到底多少测试才算是充分的,或者说如何定义测试的出口准则呢?在实际的项目测试中,可以从以下几方面来考虑。

(1) 当计划的测试时间用尽的时候。
(2) 当继续测试没有发现新的缺陷时。
(3) 当所有的测试用例执行完毕时。
(4) 当测试的成本大于测试的收益时。
(5) 当达到所要求的测试覆盖率时。
(6) 当所有已发现的缺陷都已经被清除时。

在出现上述的某种或多种情况的组合时,就可以认为满足了测试的出口准则,从而考虑结束测试。

1.2 什么是测试

在工业制造和生产中,测试被当作一个常规的检验产品质量的生产活动,其含义为"以检验产品是否满足需求为目标"。对于软件测试行业来说,根据测试目的的不同,会有不同类型的软件测试的定义。[①] 下面是几个典型的软件测试定义。

1.2.1 验证软件的正确性

测试的目的是验证软件产品是否能够工作。此时,测试和调试已经正式区别开来。

[①] David Gelperin and Bill Hetzel, the growth of software testing, June 1988, Volume 31, Number 6, Communications of ACM.

按照该测试定义，测试人员在测试过程中，就会存有这样的想法：为了能够看到产品可以工作，可以将测试工作往后推迟。测试活动始终落后于开发活动，测试通常被认为是软件开发生命周期中处于编码之后的一项活动。

这个观念的主要代表人物是 Bill Hetzel 博士。他于 1972 年在美国的北卡罗来纳大学组织了历史上第一次正式的关于软件测试的会议。1973 年他首先给出软件测试的定义："测试就是建立一种信心，确信程序能够按期望的设想进行"。1983 年他又将软件测试的定义修改为："评价一个程序和系统的特性或能力，并确定它是否达到期望的结果。软件测试就是以此为目的的任何行为"。在这个定义中，"设想"和"期望的结果"就是人们现在所说的用户需求。同时他把软件的质量定义为符合要求，其中的核心思想为：测试是试图验证软件是工作的，即软件的功能是按照预先的设计执行的，以正向思维，针对系统的所有功能，逐个验证其正确性。

测试目的为确信产品能够工作，可以简单抽象地描述为这样的过程：在设计规定的环境下运行软件，将其结果与用户需求相比较，如果相符则测试通过，如果不相符则视为存在缺陷。这一过程的终极目标是将软件的所有功能在所有设计规定的环境中全部运行，确认这些功能的正确性。这类测试方法以需求和设计为本，因此有利于界定测试工作的范畴，更利于部署测试的侧重点、加强针对性。这一点对于大型软件的测试，尤其是在有限的时间和人力资源情况下显得格外重要。

1.2.2 发现软件中的缺陷

前面定义的测试的目的是确信软件产品能够正常工作，这一观点受到很多业界权威的质疑和挑战。其中的一个代表人物是 Glenford J. Myers，他认为测试不应该着眼于验证软件是可以正常工作的，相反应该首先假设软件是存在错误和缺陷的，然后用逆向思维去发现尽可能多的缺陷。[①] 他也认为，将"验证软件是可以工作的"作为测试目的，非常不利于测试人员发现软件中的缺陷。1979 年，Glenford J. Myers 给出了他对软件测试的定义："测试是为发现错误而执行一个程序或者系统的过程。"同时，Myers 还提出了以下三个重要观点。

（1）测试是为了证明程序有错，而不是证明程序无错误。
（2）一个好的测试用例在于它能发现以前未发现的错误。
（3）一个成功的测试是发现了以前未发现的错误的测试。

这个测试目的，简单地说就是验证软件是有错误的。Myers 认为，一个成功的测试必须是发现缺陷的测试，不然就没有价值。这就如同病人（假定此人确实有病）到医院做医疗检查，结果各项指标都正常，那说明该项医疗检查对于诊断该病人的病情是没有价值的，是失败的。

---

① Myers, G. J. The Art of Software Testing. John Wiley & Sons, New York：1979.

Myers 提出的"测试的目的是证伪"这一概念,推翻了过去"为表明软件正确而进行测试"的理解,为软件测试的发展提出了新的方向,软件测试的理论方法在这之后也得到了长足的发展。这个定义,强调了测试人员不断思考开发人员可能存在的理解误区和不良习惯等,从而来发现系统中存在的各种各样的问题。这种方法往往能够更多地发现系统中存在的缺陷。

然而,对 Glenford Myers 先生"测试的目的是证伪"这一概念的理解也不能太过于片面。在很多软件工程学、软件测试方面的书籍中都提到这样一个概念:"测试的目的是寻找缺陷,并且尽最大可能找出最多的缺陷"。这很容易让人们认为测试人员就是"挑毛病"的,而由此带来如下诸多问题。

(1) 若测试人员以发现缺陷为唯一目标,而很少去关注系统对需求的实现,测试活动往往会存在一定的随意性和盲目性,例如缺乏对系统需求的测试覆盖率。

(2) 若测试人员被定位为"挑毛病"这样的角色,则容易和开发人员产生矛盾,导致沟通时存在较多的冲突。

(3) 若企业或者组织接受了这样的方法,以缺陷数量作为考核测试人员业绩的唯一指标,可能会带来一定的负面影响。

测试目的为"证明程序有缺陷"的测试方法与需求和设计没有必然的关联,更强调测试人员发挥主观能动性,用逆向思维方式,不断思考开发人员理解的误区、不良的习惯、程序代码的边界、无效数据的输入以及系统的各种弱点,试图破坏系统、摧毁系统,其目标就是发现系统中各种各样的问题。这种方法往往能够发现系统中存在的更多缺陷。

1.2.3　IEEE 给出的定义

随着软件和 IT 行业的蓬勃发展,软件趋向大型化和高度复杂化,软件质量也越来越重要。软件测试目的从验证软件产品可以工作、尽量发现产品中的缺陷,逐渐发展成为软件质量保证的重要手段之一,也是进行软件质量评估的一个基础。

这个时候,人们将质量的概念融入软件测试。软件测的试定义发生了改变,测试不单纯是一个发现缺陷的过程,而且将测试作为软件质量保证(SQA)的主要职能之一,包含软件质量评价的内容,软件开发人员和测试人员开始坐在一起探讨软件工程和测试问题。

IEEE Std 610.12—1990 中软件测试的定义如下。

(1) 在规定条件下运行系统或组件的过程。观察和记录结果,并对系统或组件的某些方面给出评价。

(2) 分析软件项目的过程。检测现有状况和所需状况之间的不同,并评估软件项目的特性。

1.2.4 测试定义总结

软件开发过程的不同阶段，需要考虑不同的测试目的。ISTQB 定义的主要测试目的有 4 个，即发现缺陷、增加对质量的信心、为决策提供信息和预防缺陷。例如，在开发周期早期阶段（需求分析阶段、系统设计阶段等），通过人工的检查方式（评审）检查各种文档的缺陷，其主要目的是避免将早期阶段各种文档内的缺陷带入到开发阶段，从而造成更大的缺陷放大。而开发过程中的组件测试、集成测试和系统测试阶段的主要测试目的包括验证需求和尽可能多地发现缺陷和失效；在测试过程中不断为利益相关者提供有关风险的信息，例如在软件系统中发现了严重错误，或经过严格测试，没有发现严重错误等信息。在验收测试阶段，测试的主要目的是对软件的质量进行评估，从而为利益相关者提供信息和信心：在给定时间内发布的系统版本所存在的风险，更多的是为了证明软件系统是可以正常工作的，也包含了软件质量保证的目的。

上面给出了三种典型的软件测试定义，它们之间并不是完全独立和对立的。在实际的测试过程中，需要根据组织的质量方针、项目特点、测试阶段和使用的测试技术等方面的具体情况，来确定合适的软件测试目的，从而可以更好地制订软件测试策略。

1. 广义的软件测试

在一般人的理解中，软件测试活动通常指的是运行软件进行的测试，即狭义的测试。测试的对象除了程序代码之外，还应该包括软件开发各个阶段的工作产品，例如需求文档、设计文档、用户手册等。因此，传统的软件测试定义（主要关注软件运行过程中对软件对象进行的检查和发现不一致的行为）是一个狭义的概念。实际上这只是正式测试过程的一部分。

随着人们对软件工程的重视以及软件规模的日益扩大，软件分析、设计的作用越来越突出。经验表明，一半以上的软件错误是在程序代码生成之前引入的。若把软件分析和设计中的问题遗留到后期，可能造成设计、编程的部分甚至全部返工，从而导致软件开发成本增加、开发周期延长等后果。同时，需求和设计阶段所产生的缺陷雪崩现象（放大效应），会严重影响软件质量和大大提高修改缺陷的成本。因此，为了更早地发现并解决问题，降低修改缺陷的代价，有必要将测试往前延伸到需求分析和设计阶段中去，使软件测试贯穿于整个软件开发生命周期，提倡软件全生命周期测试的理念。即软件测试是对软件开发过程中的所有工作产品（包括程序以及相关文档）进行的测试，而不仅仅是通过运行程序来进行的动态测试。

正式的测试过程包含了测试执行之前和之后的所有的阶段活动，包括测试计划和控制、测试分析和设计、测试实现和执行、评估出口准则和报告、测试结束活动。根据是否运行软件，测试活动可以分成以下两类。

（1）动态测试：需要运行被测对象，并在运行过程中对软件进行测试。

(2) 静态测试：不需要运行被测对象，其测试对象是开发过程中生成的各种工作产品，例如需求文档、设计文档、代码等。静态分析主要由评审和静态分析组成。

广义的测试，可以引入两个概念来覆盖测试的范畴：验证（Verification）和确认（Validation）。

(1) 验证：通过检查和提供客观证据来证实指定的需求是否满足。换句话说，验证要回答的问题是：是否在正确构建产品。它所关注的是构建产品的过程，按照这个过程是否能开发出高质量的软件，验证只针对开发过程的单个阶段。验证需要确保特定开发阶段的输出已经正确而完整并达到相应要求。这里的输出通常是相关的文档，通常，一个阶段的输出又是下一个阶段的输入。

(2) 确认：通过检查和提供客观证据来证实软件产品的特定目的的功能或应用是否已经实现。换句话说，确认要回答的问题是是否构建了正确的产品。它所关注的是已经构建的软件产品，对于每个测试级别，都要检查开发活动输出的产品是否满足具体的需求，或者这些特定级别相关的需求。这种根据原始需求检查开发结果（产品）的过程称为确认。在确认过程中，由测试人员来判断一个产品（或者是产品的一部分）是否完成它的任务，据此判断这个产品是否满足它预期的使用要求。

2．软件测试和调试

软件开发过程中，经常会提到测试和调试两个不同的概念。动态测试可以发现由于软件存在的缺陷而引起的失效。而调试是一种开发活动，用来识别引起失效的原因、修改代码以及验证是否正确地修改了软件的缺陷（开发人员在修改缺陷之后，需要验证软件缺陷是否真的已经修改，这也是开发人员的职责之一）。随后由测试人员进行的确认测试（再测试）是为了确认开发人员是否已经正确修改了缺陷。通常来说，测试人员进行测试活动，开发人员进行调试活动（当然，开发人员也会进行一些测试活动，例如，组件测试通常由开发人员来进行）；除此之外，调试和测试的不同还表现在以下几个方面。

(1) 测试和调试在目标和方法上有所不同。例如，测试的目的之一是发现软件中的缺陷，而调试的主要目的通常是为了定位和修改软件中的缺陷。

(2) 测试是从已知的条件开始，使用预先定义的过程，通常有期望的结果；调试是从未知的条件开始，结果也很难预测。

(3) 测试可以计划，可以预先制定测试用例和过程，工作进度可以度量；但是计划调试的过程或持续时间相对比较困难。

(4) 测试的对象包括软件开发过程中产生的各种文档、数据以及代码，而调试的对象一般来说是代码。

综上所述，不难得出结论：测试不等同于调试。测试可以发现由于软件存在的缺陷引起的失效；而调试是一种开发活动，用来识别引起失效的原因（缺陷）和采取解决方案来修正缺陷。二者都是软件开发过程中必不可少的活动。

1.3 软件测试的基本原则

软件测试经过几十年的发展,测试界提出了很多测试原则,为测试人员提供了测试指南。软件测试原则非常重要,测试技术和方法的应用应该在测试原则指导下进行。

1. 穷尽测试是不可能的

考虑到所有可能的输入值和它们的组合,以及结合所有不同的测试前置条件,测试用例数将是一个天文数字。对这样的天文数字进行穷尽测试几乎是不可能的。在实际测试过程中,软件不可能执行天文数字的测试用例。因此,测试人员的一个重要职责是高效地设计和选择测试用例,在有效的时间和资源情况下实现测试目标。

由于穷尽测试不可能,因此无法发现被测对象的所有缺陷,即测试后软件系统中还会存在缺陷。被测对象存在缺陷,就可能会给用户/客户带来各种损失的风险。测试过程中需要分析被测对象的风险,并根据风险的级别(风险的可能性和造成损失的严重程度)指导测试活动,即采用基于风险的测试技术。例如,根据风险的级别设定测试用例的优先级,根据优先级来执行测试等。根据风险的信息不仅可以设置测试用例的优先级,还可以用来控制测试工作量、合理分配测试成本和资源等,在收益和风险之间求得平衡。通常在测试计划阶段就要考虑测试结束条件,即测试的出口准则。在执行测试过程中,当满足测试出口准则时测试就应当终止。

2. 测试只能显示缺陷的存在

当软件测试发现缺陷时,可以肯定地说软件系统内存在缺陷。但通过测试没有发现缺陷时,并不能说软件系统内没有缺陷,因为测试只是做了抽样检查,无法穷尽测试。测试可以减少软件中存在缺陷的可能性,但即使测试没有发现任何缺陷,也不能证明软件或系统是完全正确的,或者说是不存在缺陷的。

3. 测试应尽早介入

根据经验,在软件开发过程的需求阶段引入的缺陷占软件过程中出现的所有缺陷(包括最终的缺陷)数量的56%。[①] 此外,缺陷存在雪崩效应。例如需求阶段的一个缺陷可能会导致 N 个设计缺陷,因此,越是在软件开发过程的后期发现缺陷,为修复缺陷所付出的代价就会越大。因此,软件测试人员要尽早地且不断地进行软件测试,以提高软件质量,降低软件开发成本。

---

① Dick Bender,Writing testable requirement,1993.

4. 缺陷的集群性

帕累托(Pareto)原则表明，软件中80%的错误集中在20%的区域内，实际经验也证明了这一点。通常情况下，大多数的缺陷只是存在于测试对象的部分模块中，缺陷并不是平均而是集群分布的。测试人员如果在一个模块发现了很多缺陷，那么通常在这个模块中还会有更多的缺陷。因此，测试过程中要充分注意缺陷的集群现象，对发现缺陷较多的程序段或者软件模块，应进行更深入的测试。

5. 杀虫剂效应

杀虫剂用得多了，害虫就有免疫力，此时杀虫剂就发挥不了效力。测试过程中，重复执行同样的测试用例，其发现缺陷的能力就会越来越差。测试中存在杀虫剂效应的主要原因是：在以发现缺陷为主要目的的测试中，反复使用同一个测试用例和测试数据，很难再发现新的缺陷(能发现的缺陷已经在前面的测试过程中发现了)。

为克服杀虫剂效应，测试用例需要经常进行评审和修改，不断增加不同的测试用例或用不同的测试数据来测试软件或系统的不同部分，保证测试用例或测试数据是最新的，即包含着最后一次程序代码或说明文档的更新信息。这样软件中未被测试过的部分或者先前没有被使用过的输入组合就会重新执行，从而发现更多的缺陷。同时，作为专业的测试人员，要具有探索性思维和逆向思维，而不仅仅是做实际结果与期望结果的比较。

6. 测试活动依赖于测试上下文

测试活动依赖于测试上下文。对于不同的软件系统，对测试策略、测试技术、测试工具、测试阶段以及测试出口准则等的选择，都是不一样的。同时，测试活动必须与被测试对象的运行环境和使用中的风险相关联。因此，没有两个系统可以以完全相同的方式进行测试。例如，对关注安全的电子商务系统进行测试，与一般的商业软件测试，它们关注的重点是不一样的。对于前者，它更多关注的是安全性测试和性能测试。

7. 没有失效不代表系统是可用的

系统的质量特性不仅仅是功能性要求，还包括很多非功能性的要求，例如稳定性、可用性、兼容性等。假如系统无法使用，或者系统不能满足客户的需求和期望，那么这个系统的研发是失败的。同时在系统中发现和修改缺陷也是没有任何意义的。

用户的早期介入和提供原型系统，是开发过程中避免类似问题的预防性措施。从开发角度看起来完美的软件产品，如果不是客户真正想要的产品，这样的软件产品开发也是失败的。

1.4 测试的基本过程

软件测试应该是贯穿于整个软件开发生命周期的一个完整的过程,测试的尽早介入是软件测试的一个基本原则;将软件测试仅仅看作是运行软件工作产品进行相关的检查活动或者软件开发的一个阶段,不是系统化测试的理念。为了有效地实现软件测试各个层面的测试目标,则需要和软件开发过程一样,定义一个正式而完整的软件测试过程,即涉及各个软件测试活动、技术、文档等内容的过程,来指导和管理软件测试活动,以提高测试效率和测试质量,同时改进软件开发过程和测试过程。

作为广义的软件测试,ISTQB定义了完整的软件测试过程,将测试相关的所有活动都纳入其中,如图1-6所示。

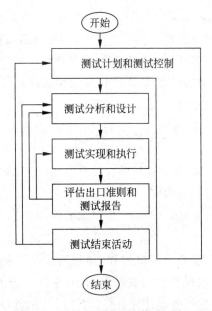

图1-6 ISTQB定义的软件测试过程

图1-6描述的软件测试过程,给人的感觉好像各个阶段是顺序进行的。但实际上有些测试阶段在时间上是可以重叠的,甚至是并行进行的,例如测试分析和设计、测试实现和执行阶段在时间上可能是重叠的,而测试控制活动会贯穿于整个测试过程。

1.4.1 测试计划和控制阶段

通常在项目开始的时候就需要进行测试计划活动。制订测试计划的目的是通过确定测试任务、定义测试对象和定义详细的测试活动来达到组织的目标和使命。测试计划需要文档化,针对不同的测试级别(如系统测试、验收测试)需要不同的测试计划。

制订测试计划会受到各种因素的影响,例如组织的质量方针和测试方针、项目的测试范围、项目的测试目的、测试中存在的风险、测试的约束条件和资源的可用性等。随着项目的不断推进和深入,将有更多的信息和具体细节包含在测试计划中,从而用来修正和更新测试计划内容。因此,测试计划的制订是一个持续的过程,需要在整个测试过程中进行不断的调整和更新。例如从测试活动中得到的反馈信息可以识别测试中的新风险,从而需要对测试计划中的风险部分内容做相应的修改。

制订测试计划时需要确定测试方法,例如基于风险的测试方法。此时,需要在测试过程中识别风险和评估风险,并根据风险级别采取相应的措施,以帮助测试计划的有效实施。

测试依据(Test Basis)、测试条件(Test Condition)、测试用例(Test Case)和测试规程(Test Procedure)之间存在复杂的关系,需要通过测试计划来理顺关系,并且能够控制它们之间的相互关系,使得测试得以顺利进行。

定义测试出口准则,也是测试计划中的一个重要内容,其目的是确定什么时候可以结束测试。例如判断某个测试级别是否可以结束,需要判断当前的测试是否达到了规定的目标。测试出口准则可以基于以下一些度量进行判断。

(1) 测试完整性度量,例如代码、功能或风险的测试覆盖率。

(2) 对软件缺陷密度、缺陷趋势或系统可靠性的评估,来判断测试的出口准则。

(3) 评估继续测试的成本,即继续测试的收益和结束测试可能存在风险之间的平衡关系。

(4) 评估可能遗留的风险,例如评估没有被修改的缺陷、在某些区域测试覆盖率较低等对项目或者产品可能产生的风险。

(5) 评估项目产品的交付时间,例如客户要求的软件产品交付时间,或者测试计划规定的截止时间等。

测试控制活动应该贯穿于整个测试过程,通过测试状态和其他的测试进度信息,和制订的测试计划进行比较,发现其中的偏差和问题,采取相应的手段来对测试活动进行控制,从而使测试活动能够按照测试计划进行。另外,测试监控得到的反馈数据和信息,又可以帮助更新原先制订的测试计划。

测试控制必须对测试提供的一些信息做出回应,同时做出相应计划的变更。例如,动态测试在某个原来认为问题不大的领域发现许多缺陷,或者由于测试开始时间延迟导致测试执行时间太短,在这些情况下都需要对测试风险分析和测试计划进行相应的变更。变更也可能会导致对后续的测试工作重新进行优先级排定和分配。

总的来说,测试计划和控制阶段的主要测试活动如下。

(1) 执行测试方针和测试指南:熟悉和理解组织的测试方针和测试指南,并且将组织的这些方针、指南和测试计划的制订结合起来。

(2) 确定测试范围和风险:确定测试的主要范围,确定项目的风险,并且根据风险级别,确定测试的重点和优先级。

(3) 确定测试目的：不同组织、不同项目以及不同测试级别，其测试目的是不一样的。测试目的可以是证明软件系统可以正常工作，也可以是尽可能多地发现缺陷，也可能是通过收集测试信息和数据，来改进软件开发和测试过程，或者上面这些测试目的兼而有之。因此，需要在测试计划阶段，明确测试目的，从而采用不同的测试策略，分配相应的测试资源。

(4) 确定测试方法：针对不同的测试级别，需要确定不同的测试技术，例如基于结构的白盒测试技术或基于说明的黑盒测试技术。静态测试（评审和静态分析）在测试过程的前期使用得也比较多。

(5) 确定测试资源：测试计划中明确测试所需的资源，对测试是否成功非常关键。测试资源包括人力资源、测试使用的 PC 和相关的工具软件系统、测试所需的网络设备、测试仪表以及测试环境的分配等。

(6) 计划测试的进度：根据整个软件项目的进度、资源和测试范围，安排整个测试活动的进度，以及进行人力资源的安排。

(7) 确定测试入口/出口准则：在测试计划中需要确定测试入口准则、测试出口准则和测试挂起准则、测试恢复准则，它们分别说明了在什么情况下满足入口准则，可以开始执行测试；什么情况下满足出口准则，可以正常结束测试执行；什么情况下满足挂起准则，需要非正常地中止测试；以及什么情况下满足恢复准则，可以重新开始测试。

(8) 监控和记录测试进度、测试覆盖率：监控测试过程的信息，包括测试进度和实际计划进度的比较、测试覆盖率和测试出口准则、测试挂起准则的满足程度等，这些信息也作为测试控制的主要输入条件和信息。

(9) 度量和分析测试结果：根据测试过程中得到的数据，例如测试发现的缺陷数目、测试用例执行的数目、测试用例失败的数目等，对测试过程和测试质量、产品质量进行分析，并根据分析结果采取合适的措施和应对计划，例如测试重点和优先级的调整。

(10) 修正测试计划：根据前面测试度量和分析的结果，以及测试监控过程中得到的信息，采取合适的措施和应对计划，变更计划或者变更资源分配，使得测试活动按照期望进行下去。

(11) 做出决定：根据测试度量和分析的结果，做出相应的决定，包括测试重启、测试结束、测试挂起、测试变更、测试应对计划实施等。

1.4.2 测试分析和设计阶段

在测试分析和设计阶段，测试人员将利用在测试计划阶段识别的测试对象、测试范围和测试目的，识别具体的测试需求，并且根据测试条件设计相应的测试用例，覆盖这些测试需求。

在测试分析和设计阶段，通常会同时使用多种测试技术，例如基于风险的测试技术、基于经验的测试技术等。基于不同的测试技术，分析测试对象和测试依据，从而获得测试需求。不同测试级别，其参考的测试依据是不一样的，例如需求说明、用例和业务流程通常是系统测试的依据；而低级别的设计说明通常作为组件测试的测试依据。

在测试条件识别和测试用例设计过程中，会输出一系列的工作产品，例如测试设计说明、测试用例说明。不同的组织或者项目，实际输出的测试工作产品也会有所不同，其主要会受以下因素的影响。

(1) 过程成熟度：组织的开发过程定义了测试过程中需要提交的工作产品。不同的过程成熟度对工作产品的输出有不同的要求。对于具有高成熟度的组织，一般都有定义好的测试工作产品的模板，例如测试设计说明、测试用例说明等。

(2) 采用的开发模型：使用的软件开发过程模型会影响测试工作产品的输出，例如采用敏捷开发方法，会尽量减少文档，取而代之的是紧密频繁的小组之间的讨论。

根据测试计划中确定的测试范围，测试分析和设计可以确定测试对象的质量特性。ISO 9126 标准提供了一些关于质量特性的参考。

测试人员在早期参与评审和静态分析，可以提高测试分析和设计的效率。例如评审需求说明就是测试人员进行测试分析的有效选择。测试过程中输出的工作产品，例如测试设计说明，也应该经过静态测试的检查，以提高它们的质量。

测试分析和设计阶段的主要输入有：

(1) 测试计划；

(2) 测试依据，例如系统需求说明；

(3) 行业行规、法律法规、领域知识。

测试分析和设计阶段的主要活动有：

(1) 评审测试依据(例如需求说明、系统架构、设计和接口说明等)。

(2) 评估测试依据和测试对象的可测性。

(3) 通过对测试依据和测试对象行为的分析，识别测试需求并确定其优先级。

(4) 设计测试用例并确定优先级。

(5) 确定测试需求和测试用例所需的测试数据。

(6) 规划测试环境的搭建和确定测试需要的基础设施和工具。

1.4.3 测试实现和执行阶段

测试实现和执行阶段的主要活动包括通过特定的顺序组织测试用例来完成测试规程和脚本的设计，并且包括测试执行必需的任何其他的信息，以及测试环境的搭建和运行测试。

根据测试计划、测试设计说明、测试用例说明，结合各个测试用例之间可能存在的依赖关系，设置测试执行的顺序，例如根据业务流程设置执行顺序；根据测试用例的优先级设置执行顺序。

测试用例执行时需要选择合适的测试数据。在有些测试中，测试数据甚至是非常庞大的。因此，在测试实现阶段，测试人员可以将输入数据转换成相应的数据库。同时，测试人员也可能需要编写脚本生成测试数据，在测试执行时作为软件系统的输入。

假如采用自动化测试，测试实现还包括了自动化测试套件和测试脚本的创建和开发。测试人员应该考虑一些具体的可能会影响测试顺序的制约因素，同时测试环境和测试数据之间的相互依赖关系必须在测试实现阶段予以考虑。

测试实现阶段，测试人员需要搭建和维护测试环境，保证测试执行环境和测试管理环境（配置管理、缺陷管理等）的可用。测试环境应该在测试执行之前完成搭建和相关的验证工作。对于高级别的测试，例如系统测试，测试环境应该尽量和用户的使用环境接近，以模拟用户场景。另外，测试人员在测试实现和执行阶段需要考虑后续测试活动的数据收集。

当测试对象满足测试执行的入口准则时，测试执行就可以开始了。测试执行应该按照确定的测试顺序进行。测试执行活动的一个核心内容是对测试实际结果和期望结果进行比较。测试人员应该注意期望结果和实际结果的比较，否则可能导致缺陷和失效的遗漏。若测试实际结果和期望结果不符，首先需要仔细检查测试用例，以保证测试用例描述的正确性。测试用例描述也可能有错误，可能的原因包括测试数据的错误、测试文档描述的错误，或者执行方法的错误。如果测试用例的描述存在问题，则首先需要对它进行修改，然后重新执行测试用例。如果确认是测试对象的问题，就需要提交缺陷报告。

在测试执行阶段，测试执行过程和结果必须妥善记录，即测试日志。执行过的测试用例，由于没有记录测试结果，很有可能出现重复执行的情况，从而导致测试效率低下和测试进度延期。由于测试对象和测试环境会随着被测试版本的变化而变化，所以测试记录应该基于相应的测试版本。

测试日志提供了按照时间顺序的测试执行相关细节。测试结果的记录可以针对整个测试过程，也可以针对某个事件。任何影响测试执行的事件都需要单独记录。为了测量测试覆盖率和查找测试延期的原因，需要测试人员记录详细的测试信息。另外，记录的信息也可以用来帮助测试控制、测试进度报告的生成、测试出口准则评估和测试过程的改进等。

用户或者客户也可能参与测试执行。例如验收测试，在验收测试过程中发现的缺陷越少，越有助于客户对软件产品建立信心。

测试实现和执行阶段的主要输入有：

（1）测试计划；

（2）测试需求；

（3）测试设计说明；

（4）测试用例说明。

测试实现和执行的主要测试活动有：

（1）创建测试数据；

（2）编写测试规程说明。

(3) 开发测试自动化脚本。

(4) 根据测试规程说明创建测试套件。

(5) 搭建并验证测试环境。

(6) 执行测试用例,包括手工和自动化执行。

(7) 记录测试执行的过程和结果(测试日志)。

(8) 测试实际结果和期望结果的比较。

(9) 提交缺陷报告。

(10) 确认测试和回归测试。

1.4.4 评估出口准则和报告

评估测试出口准则与测试过程监控紧密联系,测试过程监控度量数据是评估测试出口准则的基础。常见的测试过程监控度量数据包括以下几种:

(1) 测试需求的覆盖率、测试用例覆盖率、通过/失败的测试用例执行的数目。

(2) 提交的缺陷数目,根据缺陷的严重程度和优先级进行的分类。

(3) 提交的缺陷数目,接受的缺陷和被拒绝的缺陷的比例。

(4) 测试中计划的成本支出和实际的成本支出。

(5) 测试中计划的花费时间和实际的花费时间。

(6) 测试中识别的风险和处理的风险数目。

(7) 由于事件制约因素而浪费的时间。

(8) 总的测试计划时间和有效利用的测试时间。

对于测试报告,IEEE Std 829—1998 中描述了测试报告的构成,主要包括以下的一些条目。

(1) 测试报告标识符:为该测试报告规定唯一的标识符。

(2) 摘要:总结对测试项的评价。标识已测试的各个项,指出其版本/修订级别,并指出执行测试活动所处的环境。对于每个测试项,如果存在测试计划、测试设计说明、测试规程说明、测试项传递报告、测试日志和事件报告文档,则应提供对相关信息的引用。

(3) 差异:报告测试项与其设计说明之间的任何差异,并指出与测试计划、测试设计或测试规程说明之间的任何差异,详细说明每种差异产生的原因。

(4) 测试充分性评价:如果有测试计划,应根据测试计划中规定的测试出口准则对测试过程做出评价。确定未做充分测试的特征或特征组合,并说明理由。

(5) 结果汇总:汇总测试的结果。标识已解决的所有缺陷,并总结其解决方案。指出尚未解决的所有缺陷,并说明可能的风险。

(6) 评价:对每个测试项(包括其限制)进行总体评价,该评价必须以测试结果和测试项的通过准则作为依据。可以包含对风险的估计。

(7) 活动总结:总结主要的测试活动和事件。总结资源消耗数据,例如人员的总体配备水平和每个主要测试活动所花费的时间。

（8）批准：详细说明必须批准该测试报告的所有人员的姓名和职务，并为签名和日期留出位置。

IEEE Std 829—1998 中的测试报告内容，可以指导编写测试报告，当然并不一定要包括上面罗列的所有条目，也可以根据组织的自身特点增加一些特殊条目。一般可以根据组织自己的具体文档模板和项目特性，选择测试报告的组成内容。任何一个测试级别的测试工作全部完成以后都需要输出测试报告。

评估测试出口准则和报告阶段的主要输入有：

（1）描述当前测试状态的报告；

（2）描述当前缺陷状态的报告；

（3）对当前的风险进行分析的报告；

（4）项目测试周报告/月报告；

（5）测试计划。

评估测试出口准则和报告阶段的主要测试活动有：

（1）将测试状态和测试计划中的出口准则进行比较。

（2）评估是否需要更多的测试执行，以及是否为了满足出口准则而需要增加新的测试用例，或者考虑是否需要更改测试出口准则。

（3）编写和提交测试报告。

测试出口准测的评估，是检验测试对象是否达到预先定义的一组测试目标和是否符合出口准则的活动。测试出口准测的评估可能产生以下结果：测试结果达到结束的条件，即满足出口准则，测试执行活动可以正常终结；可能发现了新的产品风险而执行一些附加测试用例；测试出口准则要求过高而不合理，需要对测试出口准则进行修改。在此评估中，测试人员必须决定是否完全满足测试计划中的测试出口准则。例如测试对象中有 80% 的语句被执行到，可以作为测试出口准则之一。

如果执行完所有计划的测试用例后，测试出口准则的一个或多个条目还没有满足，可能需要选择或设计新的测试用例进行进一步的测试，或者修改测试出口准则。如果需要增加测试用例的话，则这些新的测试用例应该对满足出口准则是有利的。否则，额外的测试用例只会增加工作量而不会对评估出口准则有任何改进。

为了满足出口准则，有时需要采用不同的测试技术。例如为了测试某种异常情况下的响应时间，而当前的测试环境无法模拟该异常情况，从而导致无法执行和测试相应的代码。这时候应该考虑采用其他的测试方法，例如评审或者静态分析。

导致测试出口准则无法满足的另外一种可能是被测对象本身的问题，例如测试对象中包含死代码(Dead Code)，无法达到 100% 的语句覆盖率。测试出口准则的评估过程中，要对诸如此类的问题考虑周全，避免因为无意义的测试出口准则而进行的无效的测试。另外，还需要检查被测对象中为什么存在死代码，以期发现更多的缺陷。

除了测试覆盖率，测试出口准则还可以考虑其他因素，例如失效率，或者缺陷发现百分比(Defect Detection Percentage, DDP)。如果失效率下降到给定的阈值(例如失效率小于 1 个/天),就表明不再需要更多的测试,测试工作可以结束。根据失效率评估测试出口准则时还应该考虑失效的严重程度,对失效进行分类并区别对待。

在实际项目中,测试是否可以结束还经常与时间和成本因素有关。如果这些因素导致强制停止测试活动,则可能是因为在项目计划中没有配置足够的资源,或者低估了某项测试的工作量。

相对于测试计划中要求的测试资源,实际测试可能会消耗更多资源。但是通过测试可以发现软件中的缺陷,修复缺陷之后在一定程度上降低了软件的质量风险。因为软件中的缺陷在实际运行时导致系统失效而引起的成本往往远高于在测试时发现并修复缺陷的成本。

完成测试任务之后,需要提交报告。测试报告指的是对软件系统或组件进行测试产生的行为及结果的描述文件。测试报告以文档的形式,描述了被测对象的测试情况和测试结果,并对相关的结果和数据进行分析,向管理层提供信息和建议。测试报告是测试活动的一个重要输出,必须得到管理层的批准,才能够成为正式的测试文档。

应当向利益相关者提交测试报告,以声明满足测试出口准则或者尚未满足出口准则的具体原因。在低级别的测试中,例如组件测试、集成测试,测试报告的形式可以是向项目经理汇报的关于达到了出口准则的一些简单的信息。而在高级别的测试中,例如系统测试或验收测试,需要提交正式的测试报告。

测试级别不同,其测试报告的内容也可以不同。例如组件测试报告和系统测试报告,它们在提交人、读者、报告产生的阶段、报告的关注点、报告的依据和报告审核人等方面都可能是不同的。

测试报告中描述的结论来自相关测试活动的记录文档,而不是凭空得出的。测试报告需要参考的文档主要有测试计划、测试设计说明、测试用例说明、测试规程说明、事件报告和测试日志等。测试报告中需要对度量数据进行分析,常用的度量数据有测试用例执行度量数据、缺陷度量数据、覆盖率度量数据等。

1.4.5 测试结束活动

所有测试执行活动完成并输出测试报告后,并不意味着测试活动全部结束。测试经理和测试团队其他成员需要归档测试工作产品,例如测试设计说明、自动化测试脚本等,同时对测试过程和测试活动中产生的数据进行收集和分析,总结测试过程和测试活动的经验教训。例如测试活动是否实现了测试计划设定的目标、有哪些非期望的事情和风险发生、发生的原因是什么、是否有效地解决了这些风险、是否存在没有解决的变更请求等。

测试结束活动阶段分析测试数据的主要目的是让测试团队成员了解测试过程中的经验和教训,从而可以帮助测试团队在以后的测试中不再重复错误。同时,这些经验教训也可以帮助其他项目团队改进他们的开发测试过程,以及提高项目的质量。通过测试过程的评估(包括测试任务、所花费资源和所达到结果的鉴定评估)可以发现哪些方面需要进一步改进。把这些发现结果使用在以后的项目中,可以帮助后继项目的持续改进。

测试结束活动主要集中在以下几个方面。

(1) 确保所有的测试工作全部完成。例如所有计划的测试都已经执行、提交的缺陷已经修改并且进行了相应的确认测试和回归测试,或者经过项目团队的风险分析,缺陷留到下个版本解决。

(2) 移交测试工作产品。将测试文档和测试环境等移交给后续团队(如维护测试团队),并将所有测试工作产品归档。

(3) 总结经验教训。总结测试过程中的经验教训并进行文档化,以避免在以后的测试中重复这些错误。例如:

① 实际的工作量和原来估算的工作量差距很大。查找其中的原因,在以后项目的工作量估算中考虑这些因素,可以提高估算的准确性。

② 测试执行的后期,在某个模块中发现了大量的缺陷。通过分析引起缺陷的原因,发现项目后期的变更请求影响了分析和开发的质量。因此在后继项目中应该更好地管理变更请求。

③ 在高级别的测试中发现大量缺陷,通过分析后发现,是由于裁减了低级别的测试造成的,增加了发现和修复缺陷的成本。在以后的项目中,对低测试级别的裁剪应该进行更严格的评估,以保证提高测试效率。

(4) 收集和分析测试过程相关的度量信息进行测试过程的改进。

(5) 测试团队成员表彰。为了达到测试目标和按时完成进度,测试团队付出了极大的努力,在测试结束阶段对测试团队成员进行表彰,能够鼓舞大家的士气,使得所有成员在下一个项目中能够投入更大的热情。

这些测试结束活动是非常重要的,而在实际项目过程中却常常被遗漏。因此,应该将测试结束活动明确包含在测试计划中。测试结束活动的主要输入包括:

(1) 测试计划,例如测试计划中的工作量估算、风险分析、采用的测试设计技术以及测试需求分析等。

(2) 测试用例完成数目,包括设计和执行的测试用例的数目,以及未执行的测试用例数目等。

(3) 缺陷数目,包括发现的缺陷数目、修改的缺陷数目、未修改的缺陷数目等。

(4) 缺陷分布趋势,包括缺陷发现的趋势、缺陷修改的趋势、缺陷在不同模块、不同测试类型等的分布趋势等。

(5) 测试团队成员的周工作报告和月工作报告等。

测试结束活动的主要输出包括:

(1) 测试经验教训总结;

（2）测试过程改进建议；
（3）归档的测试工作产品。

1.5 测试心理学

只要是人就会犯错误，而由人编写的文档和代码中就会有缺陷，测试的一个重要目的是尽早发现缺陷，并以缺陷报告的形式提交给开发人员进行修复。本章节主要介绍测试的心理学以及如何利用测试心理学更好地实现测试团队与开发团队的紧密合作。

"开发人员可以测试他们自己开发的程序吗？"是一个经常被问到且确实重要的问题。通常认为软件开发是建设性的行为，而软件测试是破坏性的行为。测试中使用的思维方式，与在项目分析和开发中使用的不同。具有正确思维方式的开发人员可以测试他们自己写的代码。但是他们需要非常审慎地检查他们自己的测试工作，因为开发人员经常更容易以正向思维的方式进行测试工作。又有谁愿意去证明自己开发的代码中存在很多错误呢？他们更愿意证明自己的代码是可以出色工作的。因此，将测试职责从开发人员转移给测试人员，保持测试的独立性，不仅有助于开发人员集中精力，而且具备一些其他的额外优势，例如通过培训和使用专业的测试资源获得的独立的观点。

保持一定程度的测试独立性，不仅可以避免开发人员对自己代码的偏爱，通常情况下也可以更加高效地发现软件缺陷和软件中存在的失效。但是保持测试的独立性，并不是说开发人员不能在他们自己编写的代码中找出缺陷。相反，由于开发人员在开发过程中对测试对象的深入了解，他们同样也可以高效地在他们自己的代码中找出很多缺陷。

独立测试可以应用于任何测试级别，且在不同的测试上下文中可以表现为不同级别的测试独立性。下面罗列了从低到高定义的不同级别的测试独立性。

（1）测试由软件本身编写的人员来执行，是低级别的测试独立性。
（2）测试由一个其他开发人员（例如来自同一开发小组的人员）来执行。
（3）测试由组织内的一个或多个其他小组成员（例如独立的测试小组）或测试专家（例如可用性或性能测试专家）来执行。
（4）测试由来自其他组织或其他公司的成员来执行（例如测试外包或其他外部组织的鉴定）。

测试目标驱使测试小组的成员组成和测试活动。测试小组成员将根据管理层或者其他利益相关者的目标对测试计划进行调整，例如需要发现更多的缺陷，或确认软件是否满足其质量目标。因此，清晰地设定测试目标是非常重要的。

测试过程中发现的缺陷和失效，经常会被看作是测试人员对产品和作者的指责，从这个层面看，测试通常被认为是破坏性的活动。但是测试在管理被测对象的产品风险方面是非常有建设性作用的。测试过程中发现被测对象中的失效，需要测试人员具备一颗好奇心、专业的怀疑态度、一双挑剔的眼睛、对细节的关注、与开发人员进行良好沟通的能力,以及对常见的错误进行判断的技能和经验。

尽管测试过程中发现的缺陷和失效,会被看成是一种破坏性的活动,但是测试人员可以以建设性的态度,与分析人员、设计人员和开发人员进行缺陷或失效的沟通,以避免团队成员之间的不愉快。团队之间进行建设性的沟通,不仅适用于软件工作产品的评审过程,同样也适用于动态测试过程。

以建设性的方式讨论缺陷、进度和风险的时候,测试团队成员都需要具有良好的人与人之间沟通的能力。从开发人员角度来说,例如软件代码或者文档的作者,测试人员发现的缺陷信息可以帮助他们提高技术水平。同时,在测试阶段发现和修复缺陷,可以为项目后期节约时间和成本,同时降低风险。

团队之间经常会发生沟通相关的问题,特别是当测试人员只是被视为不受欢迎的缺陷消息的传递者的时候。然而,下面的一些建议,有助于改善测试团队成员和其他团队成员之间的沟通和相互关系。

（1）以合作而不是争斗的方式开始项目,时时提醒项目的每位成员：大家的共同目标是追求高质量的产品。

（2）对产品中发现的问题以中性的和以事实为依据的方式来沟通,而不要指责引入这个问题的小组成员或个人。例如,客观而实际地编写缺陷报告和评审发现的问题。

（3）尽量理解其他成员的感受,以及他们为什么会有这种反应。

（4）确信其他成员已经理解你的描述,反之亦然。

1.6 职业道德

在软件测试中包含了使个人可以获取保密的、授权的信息。为保证信息规范化使用,需要遵循必要的职业道德。ISTQB 借鉴、引用了 ACM 和 IEEE 对于工程师的道德规范,陈述职业道德规范如下。

（1）公共——认证测试工程师应当以公众利益为目标。

（2）客户和雇主——在保持与公众利益一致的原则下,认证测试工程师应注意满足客户和雇主的最高利益。

（3）产品——认证测试工程师应当确保他们提供的(在产品和系统中由他们测试的)发布版本符合最高的专业标准。

（4）判断——认证测试工程师应当维护他们职业判断的完整性和独立性。

（5）管理——认证软件测试管理人员和测试领导人员应赞成和促进对软件测试合乎道德规范的管理。

（6）专业——在与公众利益一致的原则下,认证测试工程师应当推进其专业的完整性和声誉。

（7）同事——认证测试工程师对其同事应持平等、互助和支持的态度,并促进与软件开发人员的合作。

（8）自我——认证测试工程师应当参与终生职业实践的学习，并促进合乎道德的职业实践方法。

1.7 习题

1．(K2)下列哪项对于测试的描述是正确的？（　　）

　　A．程序中有缺陷，就肯定会在外部有所反应，这就是 ISTQB 所说的失效

　　B．当程序期望结果和实际结果有所偏差时，可以肯定的就是由程序内的缺陷引起的

　　C．人为的错误造成程序内的缺陷，而程序内的缺陷可能会成为失效

　　D．如果没有发现失效，也就表示程序没有缺陷

2．(K2)按照风险设定测试用例的优先级并按照优先级顺序进行测试，符合测试的哪个基本原则？（　　）

　　A．测试只能显示缺陷的存在

　　B．穷尽测试是不可能的

　　C．杀虫剂悖论

　　D．缺陷集群性

3．(K1)下面的哪项不属于基本测试过程的计划和控制步骤的任务？（　　）

　　A．定义入口和出口准则

　　B．选择合适的度量项

　　C．确定测试的范围和风险

　　D．创建测试设计规范说明

4．(K1)关于独立测试的描述，下面哪个是错误的？（　　）

　　A．独立测试通常可以更高效地发现软件缺陷和软件存在的失效

　　B．软件测试往往需要与软件开发不同的思维方式

　　C．测试通常被认为是破坏性的活动，而软件开发通常被认为是建设性的活动

　　D．独立测试只可应用在高级别的测试活动中，如系统测试和验收测试

5．(K1)下列关于错误、缺陷和失效的观点正确的是（　　）。

　　A．人都会犯错误，因此由人设计的程序也会有缺陷

　　B．所有的缺陷都会产生失效

　　C．失效主要是由人的错误造成的，和环境条件没有关系

　　D．当存在缺陷的代码被执行时，才可能引发软件错误

6．(K1)以下哪个不属于软件测试在开发、维护和运行中能够起到的作用？（　　）

　　A．可以减少软件系统在运行环境中的风险

　　B．可以提高软件系统的质量

C. 可能更好地满足合同或法律法规的要求
D. 可以用于评价开发团队的能力

7. (K1)在判断测试是否足够时,下列哪些方面是<u>不需要</u>考虑的?(　　)

   A. 风险
   B. 项目在时间上的限制
   C. 项目在预算上的限制
   D. 投入的测试人员的数量

8. (K1)以下哪个<u>不是</u>软件测试的目标?(　　)

   A. 发现缺陷
   B. 增加对质量的信心
   C. 为决策提供信息
   D. 改进测试流程

9. (K2)下列关于不同的测试阶段的描述哪个是<u>错误</u>的?(　　)

   A. 维护测试通常是为了验证开发过程发现的缺陷是否被正确修复
   B. 组件测试的主要目标是尽可能地发现失效,从而识别和修正尽可能多的缺陷
   C. 验收测试的主要目标是确认系统是否按照预期工作,是建立满足了需求的信心
   D. 不同的测试阶段,其测试目标是不同的

10. (K2)软件测试基本过程由哪些主要活动组成?(　　)

    (1) 计划和控制
    (2) 分析和设计
    (3) 实现和执行
    (4) 评估出口准则和报告
    (5) 测试结束活动

    A. (1),(3),(5)
    B. (1),(2),(3)
    C. (2),(3),(4),(5)
    D. (1)(2),(3),(4),(5)

11. (K2)规划测试环境和确定测试需要的基础设施和工具属于下面的哪个活动?(　　)

    A. 计划和控制
    B. 分析和设计
    C. 实现和执行
    D. 评估出口准则和报告

12. (K1) ISTQB 软件测试术语中,与失效(Failure)、错误(Error)、缺陷(Defect)几个术语的同义词分别是?(　　)

    A. Fail、Mistake、Bug

B. Fail、Fault、Bug

C. Fault、Mistake、Bug

D. Fault、Bug、Mistake

13. (K2)某通信公司购买了某个产商的 ADSL MODEM 作为客户上网的客户端,公司计划对 ADSL MODEM 进行一次验收测试。你认为下面哪个原因是实施验收测试的直接原因?（　　）

　　A. 尽量发现 ADSL MODEM 中的缺陷

　　B. 确保 ADSL MODEM 没有缺陷

　　C. 确保 ADSL MODEM 符合公司的安全性要求

　　D. 确保 ADSL MODEM 可以按照预期正常工作

14. (K2)在软件产品发布给客户之后,在 6 个月内从用户使用现场反馈的缺陷数目,大概是总缺陷数目的 5%,即测试过程中缺陷发现比例大概在 95%。尽管缺陷的发现率已经很高了,但是高层经理对此并不满意。你认为下面的哪个测试基本原则可以帮助你说服高层经理的误解?（　　）

　　A. 缺陷的集群效应

　　B. 穷尽测试是不可能的

　　C. 杀虫剂悖论

　　D. 测试可以显示缺陷的存在,不能证明系统不存在缺陷

15. (K1)你认为"软件测试的 7 个基本原则",可以应用在 ISTQB 的哪个测试阶段?（　　）

　　A. 测试分析与设计阶段

　　B. 测试实现与执行阶段

　　C. 测试出口准则评估与报告阶段

　　D. 适用于整个测试生命周期

16. (K1)在软件项目的早期就开始制订测试计划,你认为这体现了哪个测试目的?（　　）

　　A. 检测缺陷

　　B. 证明软件系统可以正常工作

　　C. 预防缺陷

　　D. 通过动态测试发现缺陷

17. (K2)在组件测试和集成测试执行过程中,测试人员希望尽量多地发现测试对象的失效,其目的是为了(　　)。

　　A. 验证测试过程中发现的缺陷是否真的得到了修改

　　B. 识别和修改尽量多的缺陷

　　C. 确认测试对象是否可以正确工作

　　D. 过程改进

18.（K1）一个测试用例通常包括（　　）。

1）前置条件　2）输入　3）预期行为　4）预期结果

A. 1）、2）

B. 1）、2）、3）

C. 1）、2）、3）、4）

D. 4）

19.（K2）为了更多地发现被测对象中的缺陷，测试人员需要不断对测试用例进行评审和更新。该论点体现了哪个测试基本原则？（　　）

A. 穷尽测试不可能

B. 杀虫剂悖论

C. 缺陷集群效应

D. 测试的尽早介入

第2章 软件生命周期中的测试

学习目标

编号	学习目标描述	级别
LO-2.1.1	应用具体项目和产品类型的例子解释在开发生命周期中开发、测试活动与工作产品之间的关系	K2
LO-2.1.2	知道必须根据项目背景和产品特征来选择软件开发的模型	K1
LO-2.1.3	理解在任何生命周期模型中良好的测试应具备的特征	K1
LO-2.2.1	比较不同测试级别之间的区别：测试的主要目的、典型的测试对象、典型的测试目标（功能性的或结构性的）、相关的工作产品、测试的人员、识别缺陷和失效的种类	K2
LO-2.3.1	通过举例比较4种不同的软件测试类型（功能测试、非功能测试、结构测试和与变更相关的测试）	K2
LO-2.3.2	明白功能测试和结构测试可以应用在任何测试级别	K1
LO-2.3.3	根据非功能需求来识别和描述非功能测试的类型	K2
LO-2.3.4	根据对软件系统结构或构架的分析来识别和描述测试的类型	K2
LO-2.3.5	描述确认测试和回归测试的目的	K2
LO-2.4.1	比较维护测试（一个现存系统的测试）与一个新的应用软件的测试在测试类型、测试的触发和测试规模等方面的区别	K2
LO-2.4.2	识别维护测试的原因（由于修改、移植或退役等因素）	K1
LO-2.4.3	描述回归测试和变更的影响分析在软件维护中的作用	K2

术语

术　　语	含　　义	解　　释
COTS	商业现货软件	Commercial Off-The-Shelf Software 的缩写,参见 off-The-Shelf Software
Off-The-Shelf Software	现货软件	面向大众市场(即大量用户)开发的软件产品,并且以相同的形式交付给许多客户
Iterative Development Model	迭代开发模型	一种开发生命周期:项目被划分为大量迭代过程。一次迭代是一个完整的开发循环,并(对内或对外)发布一个可执行的产品,这是正在开发的最终产品的一个子集,通过不断迭代得到最终成型的产品
Incremental Development Model	增量开发模型	一种开发生命周期:项目被划分为一系列增量,每一增量都交付整个项目需求中的一部分功能。需求按优先级进行划分,并按优先级在适当的增量中交付。在这种生命周期模型的一些版本中(但不是全部),每个子项目均遵循"微型的 V 模型",具有自有的设计、编码和测试阶段
Validation	确认	通过检查和提供客观证据来证实特定目的功能或应用已经实现
Verification	验证	通过检查和提供客观证据来证实指定的需求是否已经满足
V-model	V-模型	描述从需求定义到维护的整个软件开发生命周期活动的框架,V 模型说明了测试活动如何集成于软件开发生命周期的每个阶段
Alpha Testing	Alpha 测试	由潜在用户或者独立的测试团队在开发环境下或者模拟实际操作环境下进行的测试,通常在开发组织之外进行。通常是对现货软件(Off-The-Shelf Software)进行内部验收测试的一种方式
Beta Testing	Beta 测试	潜在或现有用户/客户在开发组织以外的场所,没有开发人员参与的情况下进行的测试,检验软件是否满足客户及业务需求。这种测试经常是为了获得市场反馈对现货软件进行外部验收测试的一种形式
Component Testing	组件测试	对单个的软件组件进行测试
Driver	驱动器	代替某个软件组件来模拟控制和/或调用其他组件或系统的软件或测试工具
Field Testing	现场测试	参见 Beta Testing
Functional Requirement	功能需求	指定组件/系统必须实现某项功能的需求
Integration	集成	把组件/系统合并为更大部件的过程
Integration Testing	集成测试	一种旨在暴露接口以及集成组件/系统间交互时存在的缺陷的测试,参见 Component Integration Testing,System Integration Testing

续表

术　语	含　义	解　释
Component Integration Testing	组件集成测试	为发现集成组件接口之间和集成组件交互产生的缺陷而执行的测试
System Integration Testing	系统集成测试	测试系统和包的集成；测试与外部组织（如：电子数据交换、国际互联网）的接口
Non-Functional Requirement	非功能需求	与功能性无关，但与可靠性、效率、易用性、可维护性和可移植性等属性相关的需求
Robustness Testing	健壮性测试	判定软件产品健壮性的测试
Stub	桩	一个软件组件框架的实现或特殊目的的实现，用于开发和测试另一个调用或依赖于该组件的组件，它代替了被调用的组件
System Testing	系统测试	测试集成系统以验证它是否满足指定需求的过程
Test Environment	测试环境	执行测试需要的环境，包括硬件、仪器、模拟器、软件工具和其他支持要素
Test Level	测试级别	统一组织和管理的一组测试活动。测试级别与项目的职责相关联。例如，测试级别有组件测试、集成测试、系统测试和验收测试
Test Driven Development	测试驱动开发	在开发软件之后，运行测试用例之前，首先开发并自动化这些测试用例的一种软件开发方法
Acceptance Testing	验收测试	一般由用户/客户进行的确认是否可以接受一个系统的验证性测试，是根据用户需求、业务流程进行的正式测试以确保系统符合所有验收准则
Black-Box Testing	黑盒测试	不考虑组件或系统内部结构的功能或非功能测试
Code Coverage	代码覆盖	一种分析方法，用于确定软件的哪些部分被测试套件覆盖到了，哪些部分没有。包括语句覆盖，判定覆盖和条件覆盖
Functional Testing	功能测试	通过对组件/系统功能说明的分析而进行的测试，参见 Black-Box Testing
Interoperability Testing	互操作性测试	判定软件产品可交互性的测试过程，参见 Functional Testing
Load Testing	负载测试	一种通过增加负载来评估组件或系统性能的测试方法。例如通过增加并发用户数和（或）事务数量来测量组件或系统能够承受的负载，参见 Performance Testing，Stress Testing
Maintainability Testing	维护性测试	判定软件产品的可维护性的测试过程
Performance Testing	性能测试	判定软件产品性能的测试过程，参见 Efficiency Testing
Portability Testing	可移植性测试	判定软件产品可移植性的测试过程
Reliability Testing	可靠性测试	判定软件产品可靠性的测试过程
Security Testing	安全性测试	判定软件产品安全性的测试

续表

术　语	含　义	解　释
Stress Testing	压力测试	当工作量等于或超过规定量,或可用资源少于预期(如能访问的存储和服务器)时,用于评估组件或系统的一种性能测试方法。参见 Performance Testing, Load Testing
Structural Testing	结构测试	参见 White-Box Testing
Efficiency Testing	效率测试	确定软件产品效率的测试过程
Usability Testing	易用性测试	用来判定软件产品的可理解、易学、易操作和在特定条件下吸引用户程度的测试
White-Box Testing	白盒测试	通过分析组件/系统的内部结构进行的测试
Impact Analysis	影响分析	对需求变更所造成的开发文档、测试文档和组件的修改的评估
Maintenance Testing	维护测试	针对运行系统的更改,或者新的环境对运行系统的影响而进行的测试

2.1 软件开发模型

为了使软件开发的工作系统化并且可控制,需要采用合适的软件开发模型和开发过程管理所有的活动。软件开发模型有多种,例如瀑布模型、V-模型、螺旋模型以及其他各类增量迭代模型,还有目前流行的"敏捷"或者"轻量级"模型。软件开发模型定义了系统化的方式,以达到工程项目中工作的有序。

多数情况下,软件开发模型定义了软件开发过程的各个工作阶段和步骤,每个阶段和步骤完成后将输出软件工作产品,例如以文档或代码的形式呈现。软件开发模型中一个阶段的完成,通常称为里程碑,它的实现是指完成了需要的交付物并且与要求的质量标准保持一致。通常,在软件开发中需要定义专注于特定任务的角色。有时候,还需要描述在特定阶段用到的技术和过程。使用模型有助于资源计划(例如时间、人员、基础设施等)的细化。软件开发模型定义了参与项目的每个人需要完成的任务,以及完成这些任务的时间顺序。

测试不是孤立存在的,测试是各种软件开发模型中的重要组成部分,测试活动与开发活动是息息相关的。不同的软件开发模型定义了不同的测试阶段、测试活动和测试方法。下面介绍一些常见的软件开发模型。

2.1.1 瀑布模型

瀑布模型最早由 Winston W. Royce 在 1970 年提出[①],它在软件工程中占有重要的地位,提供了软件开发的基本框架。从测试的角度而言,瀑布模型最大的缺点是:测试是软件开发过程中的一个阶段,测试被看作是对软件产品的最终检查,类似于制造业中将产品交付给客户之前的检查。

如图 2-1 所示是一个传统的瀑布模型,它将软件开发生命周期划分为系统需求(System Requirement)、软件需求(Software Requirement)、分析(Analysis)、程序设计(Program Design)、编码(Coding)、测试(Testing)和运行(Operations)7 个基本阶段,并且规定了它们自上而下、相互衔接的固定次序,如同瀑布流水,逐级下落。从本质来说,它是一个软件开发架构,开发过程是通过一系列阶段顺序展开的,只有当一个开发阶段完成后,下一个开发阶段才会开始。

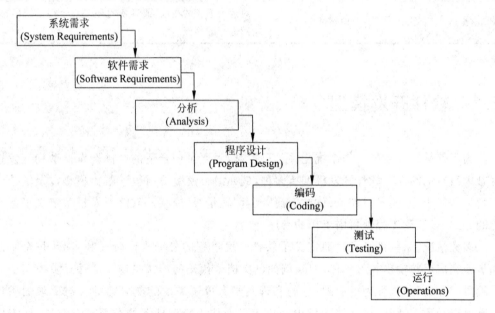

图 2-1 瀑布模型

尽管瀑布模型由于存在一些缺点而招致很多的批评,但是它对很多类型的项目而言依然是有效的。如果能够正确使用瀑布模型,可以节省大量的时间和金钱。是否采用瀑布模型,主要取决于是否能够充分理解客户的需求,以及在项目开发过程中这些需求是否经常发生变更。对于需求经常发生变更的项目,采用瀑布模型是不合适的,这时候就需要考虑其他类型的软件开发模型。

---

① Royce,W., Managing the Development of Large Software Systems: Concepts and Techniques, Proc. IEEE WESCON,1970.

2.1.2 V 模型

V 模型是瀑布模型的变种,它体现的主要思想是:开发任务和测试任务是相互对等的活动且同等重要。V 模型的左右两侧组成字母 V 的两个边,形象地体现了这一点。V 模型的左侧代表软件开发过程,在软件开发过程中,系统是逐步设计完善的,编码是最后一步。V 模型的右侧描述了相应的集成和测试过程,通过不断组合软件组件,形成更大的子系统(软件组件的集成),并对它们的功能和非功能进行测试。V 模型将测试分成了不同的级别,分别是组件测试、集成测试、系统测试和验收测试。每个不同的测试级别都有各自主要的测试关注点以及不同的测试目的。[①]

如图 2-2 所示是由开发活动和测试活动共同组成的 V 模型,V 模型主要的开发活动有需求说明、系统功能设计、系统技术设计、组件说明以及编码,相应的测试级别有组件测试、集成测试、系统测试和验收测试。其中,构成 V 模型左侧的活动是瀑布模型中常见的一些活动。

(1)需求说明:从客户或用户中收集需求,并对它们进行详细描述,最终得到批准和认可。需求说明定义了开发软件系统的目的和需要实现的特性和功能。

(2)系统功能设计:将需求映射到系统的功能和架构上。

(3)系统技术设计:设计系统的具体实现方式。这个阶段包括定义系统环境的接口,同时将整个系统分解成更小且更容易理解的子系统(系统架构),从而可以对每个子系统进行独立的开发。

(4)组件说明:定义每个子系统的任务、行为、内部结构以及与其他子系统的接口。

(5)编码:通过编程语言实现所有已经定义的组件(例如模块、单元、类)。

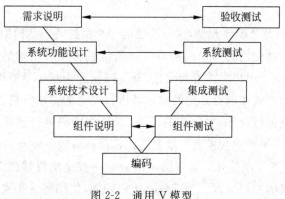

图 2-2 通用 V 模型

---

① ANDREAS SPILLNER,TILO LINZ,HANS SCHAEFER,SOFTWARE TESTING FOUNDATIONS,人民邮电出版社,2008-4-1.

在V模型中,随着整个开发阶段的进行,软件系统的描述越来越详细。通常来说,在某个开发阶段中引入的缺陷最容易在本阶段中发现。因而,在每个开发阶段,V模型的右边定义了相应的测试级别。在每个测试级别,都要检查开发的输出是否满足具体的要求,或者是否满足这些特定阶段相关的要求。

(1) 组件测试:是针对一个软件单元的测试,组件是可以测试的最小软件单元,有些资料或书籍中也将组件测试称为模块测试、单元测试、类测试等。组件测试是检查此组件是否满足组件说明(详细设计说明)的要求,即保证每个最小的单元能够正常运行。组件测试一般由开发人员执行,首先设定最小的测试单元,然后设计相应的测试用例检查各个组件功能的正确性,另外还要考虑组件的健壮性(当输入错误数据时系统的反应)和单个组件的性能。

(2) 集成测试:一种旨在暴露接口以及集成组件或集成系统间交互时存在的缺陷的测试。测试的目的是发现接口的缺陷和集成后组件/系统协同工作时的缺陷(如与操作系统、文件系统或硬件的接口等)。检查集成后的组件/系统是否能按照系统技术设计描述的方式协同工作,接口是否正确等。

(3) 系统测试:在形成完整的系统后,对整个系统进行的测试称为系统测试,系统测试旨在检查系统是否满足了指定的需求。在V模型中,系统测试对应的开发输入是系统功能设计,重点是检查系统所定义的功能是否实现并能否正确运行、非功能的质量特性是否满足了设计的要求。

(4) 验收测试:一般由用户/客户进行,其目的是确认被测系统是否满足预先定义的验收要求。通常是根据用户需求或业务流程进行的正式测试以确保系统符合所有验收准则。

2.1.3 增量迭代模型

瀑布模型和V模型是顺序模型,这类模型的一个重要特点是模型中所描述的活动是顺序的。顺序模型成功使用的一个前提是软件系统具备完善明确的需求。但是随着软件开发的不断发展,由于用户需求不断变化、开发周期越来越短等原因,顺序模型越来越无法满足需要。人们很难在项目开始的时候就进行完善的需求分析和设计,这就导致在顺序模型中要不断地进行返工,对以前的需求、设计或编码进行修改。为了解决顺序模型的这些不足,出现了增量迭代模型。增量迭代模型具有以下特点。

(1) 能适应需求的不断变化。需求的不断变更一直是项目延期交付、令客户不满意和打击开发人员士气的主要原因。为了解决这个问题,使用增量迭代模型的团队应该在项目开发的前期就关注生成和演示可执行的软件,强制进行需求检查,优先实现重要和稳定的需求。

(2) 集成不是在项目后期进行的"大动作"。将系统的集成留到项目的后期,几乎总是会导致耗时的返工,有时这种返工甚至占了整个项目40%的工作量。为了避免这种返工,需要采用持续集成的方法。

(3) 早期的迭代可以暴露风险。早期的迭代可以覆盖项目各个方面的内容,例如工具的使用、团队成员的技能等。并且团队可以在早期的迭代中及早发现风险,并进行风险的评估和应对。

(4) 更好地应对产品管理的挑战。采用增量迭代模型可以使团队快速地生成可执行的雏形(虽然功能有限)。为了应对竞争对手的快速版本发布,这个雏形能够快速地调整产品使之成为"轻量级"或者"改进型"版本。

(5) 重用更加容易。早期的设计评审允许系统架构人员发现潜在的可重用的机会,并且利用这个机会为接下来的迭代开发成熟的公用代码。

(6) 在每一个迭代中发现并更正缺陷。采用增量迭代模型可以生成健壮的架构和高质量的应用,甚至能够在早期的迭代中而不是在项目末期的大规模测试阶段发现缺陷。

(7) 更好地利用项目的人力资源。很多开发组织使用一种管道式的组织方式,来匹配他们的瀑布开发模型:分析人员将完成的需求发送给设计人员,设计人员将完成的设计发送给开发编程人员,编程人员再将他们开发的软件组件发送给集成人员,集成人员将软件组件集成子系统发送给测试人员测试。这种多次的传递不仅容易产生错误而且容易造成误解,同时也会使人们对最终的产品缺少责任感。迭代开发过程鼓励团队成员更加广泛地参与项目的各个环节,允许团队成员扮演多种角色。因此,项目经理能够更好地利用项目人员并可以减少并消除有风险的传递。

(8) 团队成员技能得到不断提高。工作在增量迭代开发模型项目中的团队成员,在软件开发生命周期内有很多的机会从他们所犯的错误中吸取教训,并能够从一个增量迭代到另一个增量迭代的过程中改进他们的技能。通过评估每个增量迭代的效率和有效性,项目经理能够为团队成员发现培训的机会。相反,工作在瀑布模型中的团队成员被限制在狭窄的技术专长上,例如仅仅从事设计、编码或者测试中某一方面的工作。

(9) 不断改进开发过程。增量迭代模型的后续评估不仅能够从产品或者计划方面揭示项目的状态,也可以帮助项目经理分析在下一个增量迭代中如何改进项目的组织结构和开发过程。

常见的增量迭代模型包括螺旋模型、RUP(Rational Unified Process)和敏捷开发,下面分别阐述这三种增量迭代模型。

1. 螺旋模型

螺旋模型由 Barry W. Boehm 于 1988 年提出[1]。螺旋模型[2]是增量迭代模型的一种,

---

[1] Barry W. Boehm, A spiral model of software development and enhancement, ACM SIGSOFT SOFTWARE ENGINEERING NOTES vol 11 no 4, Aug 1988.

[2] http://zh.wikipedia.org/wiki/螺旋模型.

如图 2-3 所示，它兼顾了快速原型迭代的特征以及瀑布模型的系统化与严格监控。螺旋模型最大的特点在于引入了其他模型不具备的风险分析，使软件在无法排除重大风险时有机会停止，以减小损失。在每个迭代阶段构建原型是螺旋模型用来减小风险的途径。螺旋模型更适合大型的系统级的软件应用。

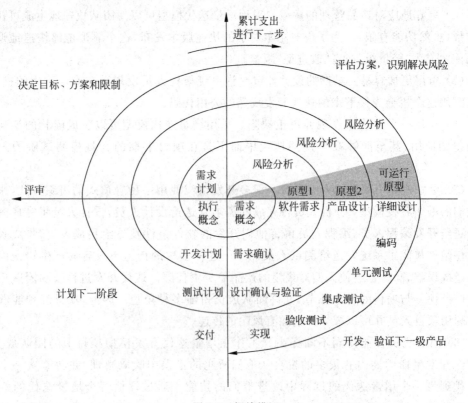

图 2-3　螺旋模型

螺旋模型中一个典型的迭代包括以下步骤。
（1）明确本次迭代的目标、备选方案以及应用备选方案的限制。
（2）对备选方案进行评估，明确并解决存在的风险，建立原型。
（3）当风险得到很好的评估与解决后，应用瀑布模型进行本次迭代的开发与测试。
（4）对下一迭代进行计划与部署。
（5）项目利益相关者对本次迭代的交付物进行评审，同时检查下一阶段的计划。

螺旋模型的优点是它在引入了风险驱动方法的同时，兼顾了原型开发和瀑布模型等开发模型的优点。在一定条件下，螺旋模型能够演变成其他的开发模型，例如如果项目获得错误用户接口或无法满足性能需求等方面的风险很低，而同时它在控制成本和进度方面的风险很高的情况，螺旋模型将会演化成瀑布模型。

除了这个优点以外，螺旋模型还具有以下优点。
（1）可以在项目前期考虑对已经存在的软件进行重用。
（2）在软件产品开发过程中考虑了软件质量目标。

(3) 关注于缺陷预防,并能够尽早地发现缺陷。
(4) 更好地控制项目活动的资源和相关成本。
螺旋模型在很多领域得到了广泛的引用,但是螺旋模型也存在一定的不足,包括:
(1) 过分依赖风险评估,一旦在风险管理过程中出现偏差将造成重大损失。
(2) 过于灵活的开发过程不适合开发人员和客户之间有明确合同约定的情况。
(3) 该模型本身的文档化和推广需要大量的工作。

2．RUP 模型

RUP 是由 IBM 开发和维护的过程模型。RUP 的开发团队同顾客、合作伙伴、Rational 产品小组及顾问公司共同协作,确保开发过程持续地更新和提高,以反映新的经验和不断演化的实践经验[①]。RUP 的整体架构如图 2-4 所示。

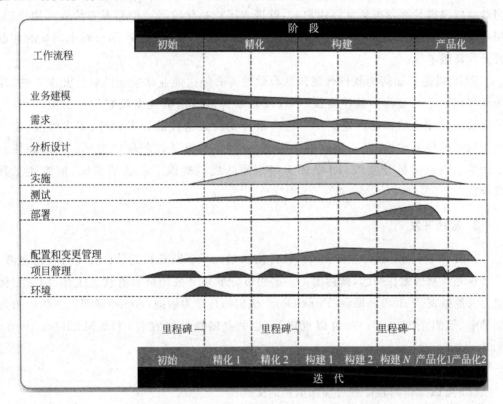

图 2-4　RUP 模型

RUP 的整个开发过程可以用二维结构来表达。
(1) 横轴代表了制订开发过程的时间,体现了过程的动态结构。
(2) 纵轴表现了 9 个核心工作流程,代表了所有角色和活动的逻辑分组情况。
RUP 将软件开发生命周期划分为 4 个连续的阶段,分别介绍如下。

---

① 更详细的关于 RUP 的资料可以查阅 IBM 的官方网站 http://www.ibm.com/developerworks/cn/rational/.

(1) 初始阶段(Inception)：初始阶段的目标是为系统建立商业案例和确定项目的边界。为了达到该目标，必须识别所有与系统交互的外部实体，在较高层次上定义交互的特性。它包括识别所有用例和描述一些重要的用例。商业案例包括验收规范、风险评估、所需资源估计、体现主要里程碑日期的阶段计划等。

(2) 精化阶段(Elaboration)：精化阶段的目标是分析问题领域、建立健全的体系结构基础、编制项目计划、淘汰项目中最高风险的元素。体系结构的决策必须在理解整个系统的基础上做出，包括理解系统的范围、主要功能和非功能需求等。

(3) 构建阶段(Construction)：在构建阶段，所有涉及的构件和应用程序功能被开发并集成为产品，并详尽测试所有的功能。构建阶段，从某种意义上说，重点在管理资源和控制运作以优化成本、进度和质量。

(4) 产品化阶段(Transition)：产品化阶段的目标是将软件产品交付给用户群体。当产品成熟得足够发布到最终用户时，就进入了产品化阶段。产品发布给最终用户后，用户现场可能会反馈各种各样的问题，因此，需要纠正用户使用产品过程中出现的问题或开发新版本等。

RUP 描述了如何为软件开发团队有效地部署经过商业化验证的软件开发方法，即最佳实践。它们被称为最佳实践，不仅仅是因为可以精确地量化它们的价值，而且它们也被许多成功的机构普遍运用。这些最佳实践是迭代的开发软件、需求管理、使用基于构件的体系结构、可视化软件建模、验证软件质量和控制软件变更。同时为使整个团队有效利用最佳实践，RUP 还为每个团队成员提供了必要的准则、模板和工具指导。

3. 敏捷开发

2001 年初，由于看到许多公司的软件团队陷入了不断延长的软件开发过程的泥潭，一批业界专家聚集在一起，概括出了一些可以让软件开发团队具有快速工作、响应变化能力的价值观(Value)和原则(Principle)。他们称自己为敏捷(Agile)联盟。在随后的几个月中，他们创建出了一份价值观声明，也就是敏捷联盟宣言(The Manifesto of the Agile Alliance)[1]。

(1) 个体和交互胜过过程和工具；

(2) 可以工作的软件胜过面面俱到的文档；

(3) 客户合作胜过合同谈判；

(4) 响应变化胜过遵循计划。

业界流行的敏捷开发方法多种多样，因此需要根据项目的大小和性质选择合适的敏捷开发方法，例如极限编程 XP(eXtreme Programming)、看板(Kanban)、Scrum(如图 2-5 所示)、功能驱动开发 FDD(Feature-Driven Development)以及动态系统开发方法 DSDM

---

[1] ROBERT C. MARTIN(邓辉译)，敏捷软件开发：原则、模式与实践，清华大学出版社，2003。

(Dynamic Systems Development Methodology)等。但是,敏捷开发也不是一成不变放之四海皆准的准则,而是一个方法的最佳实践。各个团体和组织也需要不断定制自己的最佳实践。

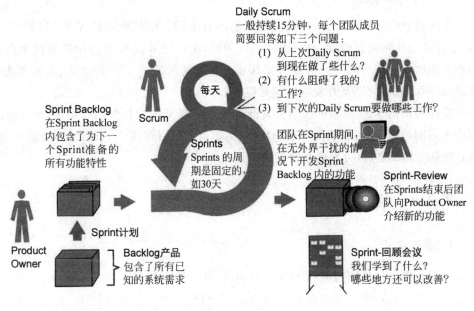

图 2-5 Scrum

2.1.4 生命周期模型中的测试

之前介绍了一些常见的软件开发模型,项目团队可以根据实际情况对模型进行裁剪,以符合实际的需要。例如,对于 V 模型,有些企业可能合并了系统测试与验收测试,也有些企业可能将集成测试细分成前期集成测试和后期集成测试等。测试人员应及早参与开发团队的评审,以更好地了解被测对象的工作原理、范围和所采用的技术,从而提升测试效率和有效性。

对于测试而言,在任何开发模型中,一个好的测试都应该具有以下几个特点。

(1)每个开发活动都有相对应的测试活动。

(2)每个测试级别都有其特有的测试目标。

(3)对于每个测试级别,都需要在相应的开发活动过程中进行相应的测试分析和设计。

(4)在开发生命周期中,测试人员在文档初稿阶段就应该参与文档的评审。

2.2 测试级别

不同的软件开发模型,采用的测试级别各有不同。但是典型的 V 模型(如图 2-2 所示)中涉及的 4 种测试级别,具有很强的代表性,所以这里以 V 模型中的测试级别为例,对各个测试级别进行阐述。典型的 V 模型有 4 个测试级别,即组件测试、集成测试、系统测试和验收测试,分别与开发阶段相对应。

实际采用的 V 模型测试级别数目既可能比典型 V 模型提到的 4 种多,也可能少,这取决于不同组织、项目和软件产品的特性,例如有的项目在组件测试之后,可能有集成测试;在系统测试之后,可能有系统集成测试。

2.2.1 组件测试

1. 基本含义

根据开发人员使用的编程语言的不同,软件组件所指的内容也不尽相同,可以是模块、单元、程序或功能。在面向对象编程中,它们称为类。通常情况下,它们被称为软件组件或组件。所以针对单个软件组件的测试称为组件测试。

组件测试的目的是为了验证软件组件是否按照组件详细设计说明的要求工作,发现需求和设计中存在的错误以及编码过程中引入的错误。组件测试应对组件内所有重要的控制路径设计测试用例,以便发现组件内部的错误。组件测试既可以采用白盒测试技术,也会采用黑盒测试技术。系统内多个组件可以并行地进行测试。在组件测试过程中,由于很多组件无法独立的运行,这时需要一些辅助的组件与被测组件一起形成一个可运行的系统,这些辅助的组件称为桩、驱动器等。

组件测试包括功能测试和特定的非功能测试,例如资源行为测试(如内存泄漏)或健壮性测试。组件测试的设计输入主要有组件说明、软件详细设计说明或代码等。

通常,通过开发环境的支持,例如组件测试框架或调试工具,组件测试会深入到代码中,设计代码的开发人员往往也会参与测试。在这种情况下,一旦发现缺陷,就可立即修改,不一定需要以正式的方式记录缺陷。

组件测试的一个方法是在写代码之前就准备开发测试用例,称为测试驱动的方法或测试驱动开发(Test Driven Development,TDD)。这个方法根据测试用例的开发周期进行高度迭代,不断地构建和集成小块的代码,然后执行组件测试直到它们全部通过为止。

组件测试任务包括组件局部数据结构测试、组件边界值测试、组件中独立执行路径测试,以及组件的错误处理测试等方面。

2．测试环境

当完成代码编写并通过编译检查和评审，便可开始组件测试。作为级别最低的测试，组件测试处理"直接来自开发人员桌面"的测试对象。很明显，对于这个测试级别，测试是在与开发紧密合作的情况下进行的，通常由开发人员执行组件测试。

被测试组件可能无法形成一个完整的可测试系统，因此在组件测试中需要为测试组件开发驱动器和桩模块。驱动器用来生成测试数据并将这些数据传递到被测试组件，而桩模块用来模拟被测组件调用的模块。它们的定义如下。

（1）驱动器模块：用于模拟被测组件的上级模块，它生成测试数据，把相关的数据传送给被测组件，启动被测组件，从被测组件获得反馈信息并输出相应的结果。

（2）桩模块：用于模拟被测组件工作过程中所调用的模块，它们一般只进行很少的数据处理，例如打印返回信息。

驱动器和桩模块是组件测试时使用的软件，而不是软件产品的组成部分，但它需要一定的开发成本。

3．测试目的

通过组件测试可以发现各种典型的软件缺陷，例如计算错误、需求或功能遗漏或程序路径选择错误。组件测试中需要考虑多个方面的测试内容。

第一，检查组件的接口参数，这是组件测试的基础。只有在数据能正确流入、流出组件的前提下，其他测试才有意义。检查组件接口参数正确与否需要考虑各种因素，例如：

（1）输入的实际参数与形式参数的个数是否相同。

（2）输入的实际参数与形式参数的属性是否匹配。

（3）调用其他组件时所给实际参数的个数是否与被调组件的形参个数相同。

（4）调用其他组件时所给实际参数的属性是否与被调组件的形参属性匹配。

（5）调用预定义函数时所用参数的个数、属性和次序是否正确。

（6）是否存在与当前入口点无关的参数引用。

（7）是否修改了只读型参数。

（8）各组件对全程变量的定义是否一致。

如果组件包括输入输出，还应该考虑以下因素：

（1）文件属性是否正确。

（2）OPEN/CLOSE 语句是否正确。

（3）格式说明与输入输出语句是否匹配。

（4）缓冲区大小与记录长度是否匹配。

（5）文件使用前是否已经打开。

（6）是否处理了文件尾。

（7）是否处理了输入/输出错误。

(8) 输出信息中是否有文字性错误。

第二，检查局部数据结构，可以用来保证临时存储在组件内的数据在程序执行过程中的完整性和正确性。局部数据结构往往是错误的根源，应仔细设计测试用例，力求发现以下几类错误：

(1) 不合适或不相容的类型说明。

(2) 变量无初值。

(3) 变量初始化有错或缺省值有错。

(4) 不正确的变量名（拼错或不正确的截断）。

(5) 出现上溢、下溢和地址异常。

第三，在组件中应对每一条独立执行路径进行测试，组件测试的基本任务是保证组件中每条语句至少执行一次。此时设计测试用例是为了发现因错误计算、不正确的比较和不适当的控制流造成的错误。例如：

(1) 误解或用错了运算符优先级。

(2) 混合类型运算。

(3) 错误的变量初值。

(4) 数据精度不够。

(5) 错误的表达式符号。

第四，组件测试通常与控制流相关，测试用例还应致力于发现以下错误：

(1) 不同数据类型的对象之间进行比较。

(2) 错误地使用逻辑运算符或优先级。

(3) 因计算机表示的局限性，期望理论上相等而实际上不相等的错误。

(4) 比较运算或变量出错。

(5) 不可能出现的循环终止条件（死循环）。

(6) 错误地修改了循环变量。

第五，好的设计应能预见各种出错条件，并预设各种出错处理，出错处理同样需要认真测试，测试应着重检查以下问题：

(1) 输出的出错信息是否难以理解。

(2) 记录的错误与实际遇到的错误是否相符。

(3) 异常处理不当。

(4) 错误陈述中未能提供足够的出错定位信息。

另外，边界值测试是组件测试中常采用的一种测试。众所周知，软件经常在边界上失效，采用边界值分析测试技术设计测试用例，很有可能发现新的错误。

同时，组件测试中也需要关注软件的可维护性。可维护性主要指程序代码中所有特性是否对修改系统的难易程度或继续开发有影响。这时开发人员对程序和其上下文的理解至关重要。这里既包括几个月或几年后又被要求继续开发的程序的原开发人员，也包括负责更新别人开发的代码的其他程序员。因而代码结构、模块化、代码注释的质量、标准符合性、可理解性、文档化等对可维护性测试是非常重要的。

2.2.2 集成测试

完成组件测试之后,不同组件需要集成在一起,形成更大的子系统。此时,需要对被集成的不同组件之间的交互进行测试,以确保它们之间是可以正常工作的。这就需要进行针对组件的集成测试。

1. 基本含义

集成测试是一种旨在暴露接口以及集成组件/系统间交互时存在的缺陷的测试。集成测试根据集成的对象可分为组件集成测试和系统集成测试(综合系统)。在 ISTQB 基础级,主要讨论组件集成测试。组件集成测试是组件测试的逻辑扩展,主要是对集成的组件之间的接口和组件与组件的协同工作进行测试。集成测试的主要测试依据有软件和系统技术设计文档、系统架构、定义和描述接口的文档、工作流、用例等。

组件集成测试的最简单的形式是将多个已经测试通过的组件组合成一个新的更大的组件(子系统),并且测试集成组件之间的接口(数据交换)。组件集成测试的主要工作是把在组件测试过程中已经成功通过测试的各组件逐步集成在一起,检查数据是否能够在各组件之间正确传递和调用,以及各组件能否正确地协同工作。

集成测试可以应用在多种级别,也可以根据不同的测试对象规模采用不同的集成测试级别,例如以下两种。

(1) 组件集成测试:对不同的软件组件之间的接口和相互作用进行测试,一般在组件测试之后进行。

(2) 系统集成测试:对不同系统之间的相互协同作用和接口进行测试,一般在系统测试结束之后进行。在这种情况下,开发组织/团体只能控制自己开发的这部分接口,所以变更可能是不稳定的。按照工作流执行的业务操作可能包含了多个系统,因此跨平台的问题对于系统集成测试至关重要。

集成范围越大,定位缺陷就越困难,从而系统的风险就越大。集成的策略可以根据系统的框架(例如自顶向下或自底向上)、功能任务集或处理过程顺序等来制定。为了减少在生命周期后期发现缺陷而产生的风险,集成程度应该逐步增加,而不是一下子将组件或系统集成为"巨无霸"进行测试。测试特定的非功能特性(例如性能测试)也可以包含在集成测试中。

在集成测试的每个阶段,测试人员应该把精力集中在集成本身。举例来说,假如系统是由组件 A 和组件 B 组成的,则集成测试感兴趣的是两个组件之间的接口,而不是每个组件的功能。黑盒测试技术和白盒测试技术都可以应用在集成测试中。

理想情况下,测试人员需要理解系统的架构,从而可以对集成测试计划施加影响。假如集成测试计划是在组件或系统生成之前制定的,则可以根据最有效率的测试顺序来进行集成测试。

2. 测试对象

组件集成测试是在组件测试的基础上,将经过组件测试的软件组件按照系统技术设计的要求组装成子系统,并检验各部分工作是否达到或实现相应技术指标及要求的过程和活动。也就是说,在集成测试之前,集成的组件应该已经通过组件测试,否则集成测试的效果将会受到很大影响,并且在集成测试过程中去发现和定位组件的缺陷,并修改这些缺陷的成本将是非常高昂的。其典型的测试对象包括组件集成后的子系统的功能性,即检查组件与组件是否能协同工作,以及子系统内组件与组件间的接口,子系统与外界的接口等。

在现实方案中,集成是指多个组件的组合,许多组件组合成子系统,而这些子系统又聚合成程序的更大部分,如子系统或系统。集成测试的主要测试依据是软件的系统设计技术、接口的描述或定义,任何不符合该说明的行为都应该作为缺陷上报。

3. 测试目的

集成测试需要同时覆盖功能特性和非功能特性,具体的非功能特性应该根据软件需求和设计的要求而定。测试的目的是确认各软件组件集成后形成的子系统能否达到系统设计技术中各组件间协同工作的设计目标。集成测试包括如下具体的测试内容。

(1) 集成的子系统的功能测试,即检查集成的子系统能否满足设计所要求的功能特性和指标。

(2) 检查一个软件组件的功能是否会对另一个软件组件的功能产生不利影响。

(3) 根据计算精度的要求,多个软件组件的误差积累起来,是否仍能够达到设计要求的技术指标。

(4) 软件组件之间的接口测试,即集成的子系统内各软件组件之间,数据在通过其接口时是否会出现不一致情况,例如是否会出现数据丢失。

(5) 全局数据结构的测试,即检查各个软件组件所用到的全局变量是否一致、合理。

(6) 对程序中可能有的特殊安全性要求进行测试。

(7) 根据软件需求和设计中提出的非功能特性的要求进行非功能性测试。

集成测试的测试对象主要关注被集成组件之间的接口以及各组件的协同工作,例如数据交换或组件之间的通信。因此通过静态测试发现缺陷很困难,更适合通过动态测试发现这些缺陷。集成测试中发现的缺陷大概可以分为以下几类。

(1) 组件传送了错误的数据,或没有传送数据,导致接收数据的组件不能操作或崩溃(组件的功能缺陷、接口格式不兼容、协议缺陷等)。

(2) 通信正常,但是被调用的组件使用不同的方法来解析接收到的数据(组件的功能缺陷、规格说明矛盾或错误的理解)。

(3) 数据内容传输正确,但是传输的时间错误或传输的延迟(时序问题),或者传输的时间间隔太短(吞吐量、负荷、容量问题)。

4. 集成策略

为了更有效地对不同组件进行集成,需要选择合适的集成策略。集成策略主要分为两种:非渐增式集成测试和渐增式集成测试,具体包括自底向上集成、自顶向下集成、核心系统先行集成以及随意集成测试等。实际运用中需要根据具体被测对象的逻辑层次特性和物理分布特性综合考虑选择哪种集成模式进行测试。以下是几种常用的集成策略。

1) 自底向上集成测试

自底向上的集成(Bottom-Up Integration)方式是最常使用的策略之一,其他集成方法都或多或少地继承、吸收了这种集成策略的思想。自底向上集成策略从组件结构中最底层的组件开始集成和测试。因为组件是自底向上进行集成的,对于一个给定层次的组件,它的下层的组件称为子组件,子组件(包括子组件的所有下属组件)事先已经完成集成并经过测试,所以不再需要特地开发相应的桩模块。自底向上集成测试的步骤大致如下。

步骤1:按照系统技术设计,明确有哪些被测组件。在熟悉被测组件特征的基础上对被测组件进行分层,在同一层次上的组件,可以并行进行测试,然后排出测试活动的先后关系,制定测试执行进度。

步骤2:按组件间的层次关系,将软件组件集成为子系统,并测试在集成过程中出现的问题。这里,可能需要测试人员开发一些驱动器来驱动集成活动中形成的被测组件。

步骤3:持续将上层软件组件集成到子系统中,直到集成为完整的系统。

自底向上的集成测试方案是软件工程实践中最常用的测试方法,相关技术也较为成熟,它的主要特点如下。

(1) 优点:因为是从最底层开始往上集成,所以不再需要模拟下层的桩模块;一个系统中的底层组件往往是比较敏感或关键的组件,自底向上的集成自然优先集成了这些敏感和关键的组件。

(2) 缺点:测试时要用到驱动器模块模拟上层组件;测试时测试员只能通过驱动器模块而不是通过用户界面操作集成的子系统,所以测试会变得复杂烦琐。

2) 自顶向下集成测试

自顶向下集成是构造程序结构的一种增量式方式,它从最上层的主控组件(往往是友好方便的图形用户界面 GUI)开始,按照软件的控制层次结构,逐步把各个组件集成在一起。深度优先策略首先把主控制路径上的组件集成在一起。自顶向下集成测试的具体步骤如下。

步骤1:以主控组件作为测试驱动器,把对主控组件进行组件测试时引入的桩用实际组件替代。

步骤2:依据所选的集成策略(深度优先或广度优先),每次只替代一个桩。

步骤3：每集成一个新组件立即测试一遍。

步骤4：只有每组测试完成后，才着手替换下一个桩。

步骤5：为避免引入新错误，必须不断地进行回归测试（即全部或部分地重复已做过的测试）。

从步骤2开始，循环执行上述步骤，直至整个程序结构集成完毕。

自顶向下集成的优缺点如下。

（1）优点：能尽早地对程序的主要控制路径和决策机制进行检验，因此能够较早地发现错误；不需要特地开发上层的驱动器模块，或者只需要简单的测试驱动，这是因为经过测试的较高级别组件组成了测试环境的主要部分；由于是从最上层的组件开始集成，可以直接从（图形）用户界面操作子系统，使测试变得简便。

（2）缺点：在测试高层组件时，需要模拟低层的桩模块，不能反映真实情况，重要数据不能及时回送到上层组件，因此测试并不充分；桩的成本很高；底层的敏感和关键组件不能优先集成和测试。

3）核心系统先行集成测试

核心系统先行集成测试策略的思想是先对核心组件进行集成测试，在测试通过的基础上再按其他组件的重要程度逐个集成到核心系统中。每次加入一个组件，直至最后形成稳定的软件产品。核心系统先行集成测试策略对应的集成过程是一个逐渐趋于闭合的螺旋形曲线，代表产品逐步定型的过程，其步骤如下。

步骤1：对核心系统中的组件进行单独而充分的测试，必要时使用驱动器和桩模块。

步骤2：将核心系统中的组件一次性集合到被测系统中，解决集成中出现的各类问题。在核心系统规模相对较大的情况下，也可以按照自底向上或自顶向下的步骤，集成核心系统的各组成组件。

步骤3：按照其他组件的重要程度以及组件间的相互制约关系，拟定其他软件组件集成到核心系统中的顺序方案。方案经评审以后，即可进行其他组件的集成。

步骤4：在其他软件组件添加到核心系统以前，首先应该确保它们都已完成组件测试。

步骤5：按顺序不断加入其他软件组件，修复集成过程中发现的缺陷，形成最终的用户系统。

该集成策略对于快速软件开发很有效果，适合较复杂系统的集成测试，能优先保证一些重要功能的实现。其缺点是采用此策略的系统一般应能明确区分核心软件组件，核心软件组件应具有较高的耦合度，而其他软件组件内部应具有较高的内聚度，但应具有较低的耦合度。

4）按照组件完成时间进行集成测试

按照组件完成的顺序进行集成。

（1）优点：节省时间，因为每个组件可以最快地集成到系统中。

（2）缺点：桩和测试驱动器都需要。

以上介绍了几种常见的集成测试策略。在实际操作中,一个项目可能同时采用多种测试策略,例如主要采用基于核心系统先行的集成策略,但是在其中的一些子系统中采用自底向上的策略。读者应该结合项目的实际工程环境及各测试策略适用的范围进行合理的选型。

2.2.3 系统测试

1. 基本含义

系统测试是将已经集成好的软件系统,作为计算机系统的一部分,与计算机硬件、其他支持软件、数据和人员等系统元素结合起来,在测试环境下对计算机系统进行一系列严格有效的测试。系统测试关注的是项目或产品范围中定义的整个系统或产品的行为。在系统测试中,测试环境应该尽量和最终使用的目标或产品使用的环境相一致,从而减少和环境相关的失效。

针对系统测试开发测试用例的方式可以是多种多样的,例如基于风险、根据需求说明、根据业务过程应用、基于用例或者用户场景、根据操作系统和系统资源相互作用等。

系统测试需要对系统功能和非功能需求进行研究。系统需求可以以文本形式或模型方式描述,同时测试人员也需要知道在需求不完全或需求没有文档化的时候如何进行测试,验证功能需求的系统测试可以选择最适合的基于说明的测试,即黑盒测试技术来对系统进行测试,例如决策表技术可以根据描述的业务准则的逻辑组合来生成测试用例。基于结构的技术即白盒测试技术,可以用来评估系统结构元素的完整性等。系统测试通常由独立的测试团队进行。

2. 测试环境

集成测试完成后,各个软件组件已经集成为一个完整的软件系统,这时,系统测试可以将被测对象看成一个完整的软件系统进行测试。系统测试环境应该在尽可能和目标运行环境一致的情况下进行。

为尝试节约成本并减少工作量,测试人员经常容易犯一个错误:在客户的运行环境上执行系统测试,而不是在独立的环境中测试。这可能带来以下负面影响:

(1)系统测试时,很可能发生失效并对客户的运行环境造成破坏。在用户环境中系统发生的系统崩溃和数据丢失的代价是巨大的。

(2)测试人员难以,甚至无法对运行环境的参数进行配置和修改。

由于客户环境中的其他系统在测试的时候也同时在运行,测试环境在不断变化,所以导致系统测试的执行不能重现,或者很难重现。同时,不应该低估系统测试的工作量,尤其是在测试环境比较复杂的情况下。

3. 测试目的

系统测试的目的是确认整个系统是否满足了需求说明中的功能和非功能需求，以及满足的程度。系统测试应该发现实现和需求不一致而引起的失效。常见的系统测试需要覆盖压力测试、容量测试、性能测试、安全测试、容错测试等非功能质量特性。

2.2.4 验收测试

1. 基本含义

验收测试的目的是对系统功能、系统的某部分或特定的系统非功能特性进行测试。验收测试通常由使用系统的用户来参与或主导，同时系统的其他利益相关者也可能参与其中。

发现缺陷不是验收测试的主要目标，通过验收测试也可以评估系统是否可以发布，以及用户对系统使用的准备情况等。验收测试不一定是最后级别的测试，例如，对于大型的系统，可能会在验收测试之后，进行系统的集成测试。

2. 验收测试类型

验收测试也可以在较低的测试级别执行，或者分布在多个测试级别上进行。例如：
(1) 组件的可用性验收测试可以在组件测试中进行；
(2) 功能增强的组件验收测试可以在系统测试之前进行。
典型的验收测试有如下几种类型。
(1) 用户验收测试：通常由客户/用户验证系统的可用性。
(2) 操作(验收)测试：由系统管理员进行的验收测试，包括：
① 系统备份/恢复测试。
② 灾难性测试。
③ 用户管理(权限设置等)测试。
④ 维护任务测试。
⑤ 定期的安全漏洞检查。
(3) 合同和规范的验收测试：合同验收测试根据合同中规定的验收准则，对软件进行测试。规范的验收测试必须根据要遵守的规范进行测试，例如政府、法律和安全方面的规则。
(4) Alpha 和 Beta 测试：在很多商业化软件(Commercial Off-The-Shelf，COTS)的开发过程中，在软件产品正式进入商业销售之前，希望从市场中潜在的或已经存在的用户中得到软件使用的反馈。Alpha 测试通常在开发组织内进行，Beta 测试通常在用户现场进行测试。通常情况下，Alpha 测试和 Beta 测试都是由客户主导进行测试。

验收测试的范围很广，它取决于应用软件的风险。如果开发的软件是用户定制的并且具有高风险,则需要进行全面的验收测试。另外一个极端的情况是获得一个标准的产品,已经在类似的环境运行了很长时间。这种情况下,验收测试应包括安装系统,可能运行一些有代表性的用例(Use Case)。如果系统要通过一种新的方式和其他系统合作,至少要测试一下互操作性。下面对几种常用的验收测试进行简单的描述。

1) 根据合同的验收测试

如果是客户定制的软件,客户(和卖方合作)将根据合同要求执行验收测试。客户在验收测试结果的基础上判断订购的软件系统是否存在(严重)缺陷,评估开发合同或者是合同中定义的服务是否已经满足。在内部软件开发的时候,同一组织内部的用户部门和IT部门会存在或多或少的正式合同。

测试标准是开发合同中定义的验收标准,因此必须清晰明确地表示这些标准。同时还必须明确所有需要遵守的规章,例如政府的、法律上的、安全方面的规章。

实际上,软件开发人员会在自己进行系统测试的时候检查这些标准。对于验收测试,重新执行验收相关的测试用例,就能够向客户证明软件已经满足合同中的验收标准。

供应商可能会对验收标准存在误解,因此由客户来设计,或者至少参与评审验收测试用例是至关重要的。与在测试环境中进行的系统测试不同,验收测试是在客户/用户的实际环境中进行的。由于测试环境不同,系统测试中能够正常工作的测试用例在实际环境中可能会失败。验收测试还需检查交付和安装过程。验收测试的环境应该和运行环境一致,但是在实际运行环境中的测试用例本身应该避免对其他正在运行的软件系统造成破坏。

2) 用户验收测试

用户验收测试是由最终使用系统的用户来参与执行的。通常不同的用户群对系统的期望有所不同。即便只有单一用户群,也会因为系统难以使用而拒绝接受该系统,这会给系统的应用带来麻烦。即使系统从技术和功能的角度看都很好,也可能会发生这种情况。因而需要对每一个用户群都组织相应的用户验收测试。通常由用户组织或参与这些测试,并基于业务过程和典型的用户场景选择测试用例。

为了提高验收测试的质量,减少验收测试中发现的问题,建议在项目的前期允许一些用户代表参与评审,尽早地发现和修改存在的问题。

3) 操作(验收)测试

操作(验收)测试是为了保证系统管理员对系统的验收而进行的测试。测试可以包括备份/恢复循环测试、灾难恢复、用户管理、维护任务和安全攻击检查等。

4) 现场测试

如果软件会在许多不同的运行环境中运行,软件开发人员在系统测试时为每种应用创建测试环境的开销将会很大,甚至是不可能的。这种情况下,系统测试完成后,软件开发人员可以选择执行现场测试。现场测试的目标是识别完全未知的或没有详细说明的用户环境的影响,并在需要的时候消除这些影响。因此软件开发人员将预发布的稳定软件版本交付给预先选定的客户,这些客户能够充分代表软件的目标市场,或者他们的运行环境正好可以覆盖可能的环境。

客户既可以运行特定的测试场景,也可以在真实环境中对产品进行使用。他们将反馈发现的问题、意见和对新产品的印象。

现场测试不能完全替代系统测试,因为它们的测试目的和测试重点是不一样的。只有当系统测试已经证明软件足够稳定后,才可以将新产品提交给潜在的客户/用户做现场测试。

2.3 测试类型

前面讲解了典型 V 模型的 4 个测试级别的基本概念,以及它们的测试环境和测试目的。不同的测试级别,其测试目的是不一样的。因此,不同的测试级别、不同的测试目的,需要有不同的测试类型。

ISTQB 初级大纲要求测试人员掌握如下 4 种测试类型。

(1) 功能测试:关注被测对象所实现的功能,可以应用的软件模型包括过程流模型、状态转换模型或简明的语言规范等。

(2) 非功能测试:关注被测对象的非功能属性,可以参考的软件模型包括性能模型、易用性模型、安全威胁模型等。

(3) 基于结构的测试:关注被测对象的结构和架构信息,可以参考的软件模型包括控制流模型、菜单结构模型等。

(4) 与变更相关的测试:确认缺陷是否已经成功修改(确认测试),以及变更是否会引入新的缺陷(回归测试)。

2.3.1 功能测试

功能测试指的是通过对组件/系统功能说明的分析而进行的测试,即功能测试主要用来评估软件产品在指定条件下使用时,提供满足明确和隐含要求的功能的能力。软件功能主要指的是系统能做什么,通常会在各类文档中描述,例如需求说明、用例或功能说明。但在实际的测试过程中,可能无法找到针对某些软件功能的描述,甚至根本没有任何对应的文档。

功能测试基于被测对象的功能或特征(来自文档中的描述或根据测试人员自己的理解),测试人员可以在各个测试级别对它们进行测试,例如组件测试、系统测试。根据被测对象的功能,测试人员可以采用基于说明的技术设计测试用例。

功能测试主要考虑的是软件的外部表现行为。功能测试通常采用黑盒测试设计技术设计功能测试用例,包括验证被测对象的各种输入输出行为。功能测试的主要依据是对应的功能需求,其中详细描述了被测对象的行为,即必须完成的功能。

在基于需求的测试中,对于每个需求至少需要设计一个测试用例与之相对应。功能测试除了基于需求的测试外,也包括基于业务流程的测试,即关注由许多步骤组成的整个业务过程的测试,例如在线购物系统中用户从登录到成功结账的业务过程。

根据"软件工程－软件产品质量(ISO/IEC-9126)"中的描述,功能性的子特性包括适用性(Suitability)、准确性(Accuracy)、互操作性(Interoperability)和安全性(Security)等。关于功能子质量特性的详细介绍,请参考章节1.1.4。

2.3.2 非功能测试

非功能需求不描述功能,而是描述功能行为的属性。非功能测试指的是为了测量系统和软件的特征,而需要进行的测试。这些特征可以用不同的尺度予以量化,例如进行性能测试来检验响应时间。非功能测试关注的是被测对象的表现如何,通常采用黑盒测试设计技术分析和设计测试用例。

非功能测试可以在任何测试级别上执行。非功能测试包括但不限于性能测试、负载测试、压力测试、可用性测试、可维护性测试、可靠性测试和可移植性测试。非功能性测试就是测试系统运行的表现如何。这些非功能测试可以参考"软件工程－软件产品质量(ISO 9126)"中定义的质量模型,主要包括以下几方面。

(1) 可靠性,主要包括成熟性(Maturity)、容错性(Fault Tolerance)、易恢复性(Recoverability)和可靠性的依从性(Reliability Compliance)子质量特性。

(2) 易用性,主要包括易理解性(Understandability)、易学性(Learnability)、易操作性(Operability)、吸引性(Attractiveness)和易用性的依从性(Usability Compliance)子质量特性。

(3) 效率,主要包括时间特性(Time Behavior)、资源利用性(Resource Utilization)和效率的依从性(Efficiency Compliance)。

(4) 可维护性,主要包括易分析性(Analysability)、易改变性(Changeability)、稳定性(Stability)、易测试性(Testability)和可维护性的依从性(Maintainability Compliance)。

(5) 可移植性,主要包括适应性(Adaptability)、易安装性(Installability)、共存性(Co-Existence)、易替换性(Replaceability)和可移植性的依从性(Portability Compliance)。

关于非功能子质量特性的详细介绍,请参考章节1.1.4。

测试中经常面临的一个问题是非功能性的需求描述不准确和不完备,例如系统应该易于操作或者系统应该是快速的,该类型的需求描述不满足可测试性要求。测试人员尽早参与需求评审,以确认非功能需求满足可测试要求。此外,有些非功能需求大家已经习以为常,因此没有在需求分析中提到它们(假定的事实),即使是这样的需求,测试人员也必须经过确认。在功能测试过程中检查被测对象的非功能特性,是一个不错的通用的方法。

2.3.3　结构测试

结构测试,或基于结构的测试,即白盒测试,是通过分析组件或系统内部结构而进行的测试。白盒测试分析的结构可以是各种类型的,例如代码的控制流结构、模块/组件的调用结构、菜单结构、业务流程结构,或者软件系统的抽象模型,如过程流模型或状态转换模型等。

基于结构的测试可以应用于任何测试级别,通过评估覆盖结构类型的程度来衡量测试的完整性。例如,基于代码结构进行的语句覆盖测试,可以用来评估可执行语句的覆盖程度,从而判断测试的完整性。覆盖率是通过一组测试用例能检验到软件结构的范围,以覆盖条目的百分比来表示。假如覆盖率没有达到100%,可能需要设计更多的测试用例,来测试被遗漏的条目,从而提高测试的覆盖率。例如如果测试达到100%的语句覆盖率,表示测试已经覆盖到了所有被测对象的可执行语句至少一次。

基于结构的测试的目的是设计并运行足够的测试用例(如果可能的话)来完全覆盖所有的结构条目。基于代码结构的测试,通常可以利用工具来测量代码的覆盖率,例如语句覆盖率和判定覆盖率。

(1) 100%语句覆盖率:选择足够的测试用例,使得代码中每一条可执行语句至少被执行一次。

(2) 100%判定覆盖率:选择足够的测试用例,使得代码中每一个判定/分支的每一种可能结果(取真或取假)都至少被执行一次。

2.3.4　与变更相关的测试

与变更相关的测试主要包括确认测试(或者再测试)和回归测试。

在测试过程或使用过程中若发现软件的缺陷,开发人员需要修改缺陷,修改完后需要测试人员对修改的部分进行再测试,以确保修改是正确和有效的,这称为确认测试或再测试。确认测试的目的是重新执行上次失败的测试用例,以确定开发人员是否已成功地修改了缺陷。

当软件系统发生变更时,例如修复缺陷、系统计划的功能增强、系统使用环境的变化等,可能会影响到软件系统的其他没变更的区域,造成那里出现新的缺陷,所以要对可能会受到影响的区域进行测试,称为回归测试。回归测试的目的是测试先前测试过并修改过的程序,确保更改没有给软件其他未改变的部分带来新的缺陷,或发现以前被屏蔽的缺陷。回归测试的规模可以根据在以前正常运行的软件中发现新的缺陷的风险大小来决定。

确认测试和回归测试应该可以重复进行。

回归测试可以在所有的测试级别上进行,同时适用于功能测试、非功能测试和结构测试。回归测试中使用的测试用例往往会运行很多次,并且相对稳定,同时回归测试一般会要求在较短的时间内完成,因此将回归测试自动化是很好的选择。

为了有效地开展回归测试,测试人员还需要确定回归测试的策略。

策略1——零回归:只执行发现缺陷的测试用例,确认缺陷的修改是正确和有效的,该策略只做了再测试或确认测试,并没有进行回归测试,所以系统会存在很大的风险。

策略2——基于影响分析的回归:由于变更而导致的被测对象代码修改会影响系统其他部分的功能,因此该策略基于代码变更的影响分析,需要重新执行由于修改缺陷或增加新功能而受到影响的代码,以及与此相关的测试用例;由于软件的复杂性,特别是经常面临的需求文档缺乏的挑战,导致影响分析变得困难。

策略3——完全回归:除了对由于修改缺陷和新增功能而导致的代码变化部分进行测试之外,还重新执行已有的所有其他测试用例。该策略相当安全,但是在有限的时间、成本和资源情况下,很难有效实施。

完全回归策略费时费力,成本很高。因此策略2——基于影响分析的回归应该是测试人员追求的策略。通过影响分析选择合适的测试用例,以最大程度地减少被测对象中的缺陷。在测试过程中,这意味着风险和成本的平衡。通过影响分析,对变更导致的风险进行详细分析,以确定负面影响可能发生的地方以及造成的严重程度,即回归测试范围可以根据变更引起的风险决定,常用的方法有:

(1) 只重复测试计划中的高优先级的测试用例。

(2) 只针对系统的特定配置开展测试,例如针对英文版产品的测试或者针对一个操作系统版本的测试。

(3) 只针对特定子系统或测试级别的测试。

2.4 维护测试

软件系统一旦发布,通常会服务几年甚至几十年。在软件运行期间,经常需要对软件系统和它运行的环境进行修正、改变或扩展,这就需要维护测试。维护测试在一个现有的运行系统上进行,且一旦对软件或系统进行修改、移植或退役处理时,就需要进行维护测试。

(1) 修改可以是计划中的功能增加(例如根据版本发布的计划)、修正和应急变更、环境的变化。例如计划中的操作系统或数据库升级、为商业现货软件计划升级或由于新发现或暴露的操作系统漏洞而打的补丁等。

(2) 为移植(例如从一个平台移植到另外一个平台)而进行的维护测试应该包括新环境的运行测试,以及对变更以后的软件的运行测试。当数据从另一个应用程序移植到正在维护的系统时,需要移植测试(转换测试)。

(3) 为系统退役而进行的维护测试应该包括数据移植测试,或当数据要长时间保存时还需进行存档测试。

除了对软件变更进行测试外，维护测试还包括对系统没有发生变更的其他部分进行的回归测试。维护测试的范围取决于变更的风险、系统的规模和变更的大小。维护测试根据变更的情况不同，可以在某一或所有的测试级别和测试类型上进行测试。确定变更如何影响现有系统的过程，称为影响分析，它可以帮助决定实施回归测试的广度和深度。

假如需求说明遗失或过时，进行维护测试将是一件困难的事情。然而这是维护测试经常面临的问题，因为维护测试可能是软件开发很久以后的事情，假如没有完善的项目开发过程、测试过程和文档管理控制过程，维护测试所依赖的测试依据是很难保持更新的。

2.5 习题

1. (K1)软件组件测试的主要目的是(　　)。
   A. 测试组件与组件之间的接口
   B. 测试组件和硬件的关联
   C. 发现缺陷，以及验证组件的功能
   D. 验证系统的功能

2. (K1)关于测试类型的应用范围，下面哪个是正确的？(　　)
   A. 结构测试只能用在组件测试或集成测试
   B. 功能测试只能用在系统测试或验收测试
   C. 白盒测试方法不能用于系统测试
   D. 功能测试和结构性测试可以应用在任何测试级别

3. (K1)关于维护测试，下列哪个选项是正确的？(　　)
   A. 在软件系统交付给用户真正使用之前必须进行维护测试
   B. 在每个测试级别都需要进行维护测试
   C. 维护测试是在一个现有的运行系统上运行的测试
   D. 在一个现有的运行系统中，因为开发已经完成了，所以不再需要测试

4. (K1)典型 V 模型的测试级别分别是什么？(　　)
   (1) 组件测试
   (2) 集成测试
   (3) 系统测试
   (4) 维护测试
   (5) 验收测试
   A. (1),(2),(3),(4)
   B. (1),(2),(3),(5),(4)

C. (1),(2),(3),(5)

D. (1),(2),(3),(4),(5)

5. (K1)下列关于增量迭代开发模型描述错误的是(　　)。

A. 在每次迭代过程中,对迭代产生的系统可能需要在不同的测试级别上进行测试

B. 增量-迭代开发模型由于发布周期更短,所以要优于V模型

C. 随着迭代的不断发布,回归测试的重要性越来越大

D. 验证和确认可以在每个增量模块中进行

6. (K1)以下哪个不属于良好的测试应该具有的特点是(　　)。

A. 每个开发活动都有相对应的测试活动

B. 每个测试级别都有其特有的测试目标

C. 对于每个测试级别,需要在相应的开发活动过程中进行相应的测试分析和设计

D. 在开发生命周期中,测试人员应该在文档正式发布后再参与文档的评审

7. (K1)对于每个测试级别,都需要明确哪些内容?(　　)

(1) 测试的总体目标

(2) 测试用例设计需要参考的工作产品(即测试的依据)

(3) 测试的对象(即测试什么)

(4) 发现的典型缺陷和失效

(5) 对测试用具(Test Harness)的需求

(6) 测试工具的支持

(7) 专门的方法和职责

A. (1),(2),(3),(4)

B. (1),(3),(5),(6),(7)

C. (2),(3),(4),(5),(6)

D. (1),(2),(3),(4),(5),(6),(7)

8. (K2)下面哪个通常不作为组件/单元测试的测试依据?(　　)

A. 组件需求说明

B. 详细设计文档

C. 代码

D. 系统设计文档

9. (K2)下面关于验收测试的观点错误的是(　　)。

A. 系统操作验收测试主要由系统管理员执行

B. 验收测试主要应用于系统测试级别

C. Alpha测试通常在开发组织现场进行,但测试并非由开发团队执行

D. Beta测试是在客户/用户或潜在客户/用户现场进行,并一般由客户/用户执行

10. (K2) ISTQB认为关于测试人员加入项目的时间,哪个建议是最合适的?(　　)

A. 在项目启动的时候就安排测试人员加入

B. 在需求分析完成之后安排测试人员加入

C. 在代码完成之后安排测试人员加入

D. 在详细设计完成之后安排测试人员加入

11. （K1）系统测试的主要关注点是（　　）。

A. 某个独立功能组件是否正确实现

B. 某个功能组件是否满足设计要求

C. 所定义的整个系统或者产品的行为

D. 组件之间接口的一致性

12. （K2）关于集成测试的论点，下面描述<u>错误</u>的是（　　）。

A. 集成测试的范围越大，从特定组件或系统中分离出失效就越困难

B. 集成测试只有自顶向下或自底向上两种集成方法

C. 为了减少在生命周期后期发现缺陷而产生的风险，集成程度应该逐步增加

D. 集成测试时，测试人员应该重点关注组件之间的接口

13. （K1）设计系统测试用例时，下面哪些测试依据是可以参考的？（　　）

a. 风险分析得到的结果

b. 系统需求说明

c. 用例（Use Case）

d. 业务流程（Business Flow）

A. a，b

B. b

C. a，b，d

D. 全部都是

14. （K1）下面属于功能测试的是（　　）。

A. 安全性测试

B. 可靠性测试

C. 可维护性测试

D. 负载测试

第 3 章 静态技术

学习目标

编号	学习目标描述	级别
LO-3.1.1	了解可以通过不同的静态技术来检查软件工作产品的质量	K1
LO-3.1.2	描述在评估软件工作产品中运用静态技术的重要性和它的价值	K2
LO-3.1.3	结合测试对象、缺陷类型来说明静态测试技术与动态测试技术之间的不同，以及这些技术在软件生命周期中的作用	K2
LO-3.2.1	理解典型的正式评审过程中的阶段、角色和职责定义	K1
LO-3.2.2	解释不同类型评审的区别：非正式评审、技术评审、走查和审查	K2
LO-3.2.3	解释影响评审成功的主要因素	K2
LO-3.3.1	理解通过静态分析能够识别的典型缺陷和错误，并与评审和动态测试进行比较	K1
LO-3.3.2	举例描述静态分析的主要优点	K2
LO-3.3.3	列出通过静态分析工具识别的典型的代码缺陷和设计缺陷	K1

术语

术　语	含　义	解　释
Dynamic Testing	动态测试	通过运行软件的组件或系统来测试软件
Static Testing	静态测试	对组件/系统进行规格或实现级别的测试,而不是执行这个软件,例如代码评审或静态代码分析
Entry Criteria	入口准则	进入下个任务(如测试阶段)必须满足的条件。准入条件的目的是防止执行不能满足准入条件的活动而浪费资源
Formal Review	正式评审	对评审过程及需求文档化的一种特定的评审,例如审查
Informal Review	非正式评审	一种不基于正式(文档化)过程的评审。
Inspection	审查	一种同级评审,通过检查文档以检测缺陷,例如不符合开发标准、不符合更上层的文档等。这是最正式的评审技术,因此总是基于文档化的过程。参见 Peerreview
Metric	度量	测量所使用的方法或者度量标准
Moderator	主持人	负责检视或其他评审过程的负责人或主要人员
Peer Review	同行评审	由研发产品的同事对软件产品进行的评审,目的在于识别缺陷并改进产品,例如审查、技术评审和走查
Reviewer	评审人	参与评审的人员,辨识并描述被评审产品或项目中的异常。在评审过程中,可以选择评审人员从不同角度评审或担当不同角色
Scribe	记录员	在评审会议中将每个提及的缺陷和任何过程改进建议记录到日志表单上的人员,记录员要确保日志表单易于阅读和理解
Technical Review	技术评审	一种同行间的小组讨论活动,主要为了对所采用的技术实现方法达成共识。参见 Peer Review
Walkthrough	走查	由文档作者逐步陈述文档内容,以收集信息并对内容达成共识。参见 Peer Review
Complexity	复杂性	系统或组件的设计和/或内部结构难于理解、维护或验证的程度,参见 Cyclomatic Complexity
Cyclomatic Complexity	圈复杂度	程序中独立路径的数量。一种代码复杂度的衡量标准,用来衡量一个模块判定结构的复杂程度,数量上表现为独立现行路径条数,即合理的预防错误所需测试的最少路径条数。圈复杂度大说明程序代码可能质量低且难于测试和维护,根据经验,程序的可能错误和高的圈复杂度有着很大关系。圈复杂度 $=L-N+2P$,其中 L 表示为结构图(程序图)的边数;N 为结构图(程序图)的节点数目;P 为无链接部分的数目

续表

术语	含义	解释
Control Flow	控制流	执行组件或系统中的一系列顺序发生的事件或路径
Data Flow	数据流	数据对象的顺序的和可能的状态变换的抽象表示,对象的状态可以是创建、使用和销毁
Static Analysis	静态分析	分析软件工件(如需求或代码),而不执行这些工作产品

3.1 静态技术和测试过程

与要求运行软件的动态测试技术不同,静态测试技术通过手工检查(评审)或自动化分析(静态分析)方式对代码或者其他的项目文档进行检查而不需要执行代码。静态测试的主要目的是从已有的说明(例如需求说明、设计说明等)、已定义的标准或项目计划和程序代码中发现缺陷和偏差。静态测试的基本思想是预防缺陷、尽可能早地在缺陷和偏差对将来的开发过程和测试过程产生影响之前识别并解决它们,避免将这些缺陷引入到下一个阶段,从而导致昂贵的返工。同时,静态测试的结果以及对结果的分析,可以有效用于软件质量改进以及开发过程和测试过程的改进。

静态测试包括人工检查(评审)和自动化检查(静态分析),是一个经常被低估或者被忽略的方法。和动态测试不同,静态测试不需要实际执行测试对象和输入测试数据,而是用阅读和分析替代具体的运行系统。也就是说,利用静态测试技术进行测试时,并没有真正地运行被测对象,而是通过人工或者自动化的方式对被测对象进行检查和分析。

静态测试可以是一个或多个人一起检查文档(评审),或使用特定的工具来完成文档或者代码的检查(静态分析)。软件开发项目中的所有文档都可以通过人工方式来检查。对遵循特定规则的文档可以通过工具进行静态分析。对于代码,既可以通过评审的方式人工进行检查(如代码走查),也可以通过工具进行自动化的静态分析。

评审是静态测试的重要组成部分。通过阅读分析可以检查和评估文档中的问题,具体是通过透彻阅读并尝试理解被检查的文档来完成评审。它是对软件工作产品(包括代码)进行测试的一种方式,评审可以在动态测试之前,也可以在任何其他阶段进行,例如可以对需求文档进行评审,也可对执行测试结束后得出的测试总结报告进行评审。修改在软件生命周期的早期发现的缺陷的成本要比修改在后期的动态测试中才发现的缺陷的成本低得多。例如由于需求理解错误引起的错误,在早期评审过程中发现和修改该缺陷只要花费较低的代价,如果等到完成设计工作并生成代码,再通过动态测试发现和修改该缺陷时需要花费更高的代价。如果该缺陷影响到系统的架构等核心部分,则导致的返工费用将会更加昂贵。

进行人工评审的主要活动是检查软件工作产品,并对它们提出修改意见。评审的主要好处有尽早发现和修改缺陷、改善开发能力、缩短开发时间、缩减测试成本和时间、减少产品生命周期成本、减少软件缺陷以及改善和开发人员之间的沟通等。评审也可以在软件工作产品中发现一些遗漏或者冗余的内容，而这在动态测试中是很难发现的。

静态分析是静态测试的另一个重要组成部分。它一般是通过工具支持的方式来进行的。静态分析可以根据工作强度、形式、必需的资源（人员和时间）以及目的的不同，进行不同的分类。

静态测试（评审、静态分析）与动态测试有着共同的目标，即识别缺陷。但静态测试与动态测试也有所不同，静态测试直接发现文档或代码中的缺陷，而不是它们的外部表现，即失效。而动态测试通过运行被测对象，在运行过程中发现被测对象的缺陷的外部表现，即失效。它们之间是相辅相成的，不同的技术可以有效地发现不同的错误类型（缺陷和失效）。

与动态测试相比，静态测试更容易发现如下问题：与标准之间的偏差、需求的遗漏和错误、设计的缺陷、软件可维护性差和错误的接口说明等，而这些文档往往在动态测试过程中作为重要的测试依据。如果这些作为动态测试依据的文档的质量无法保障，则动态测试本身的质量也就值得怀疑，更无法有效保障被测对象的质量。

3.2 评审

评审类型是多样化的，既可以是不正式的评审，例如评审员没有文档化的指导性资料可参考，也可以是正式的评审，例如有团队参与、且有文档化的审查结果和管理审查的步骤。评审过程的正式程度和开发过程的成熟度、法律法规方面的要求或审核跟踪的需要相关。

采取什么样的评审类型由评审的目标决定，评审目标可以是发现缺陷、增加理解、培训测试人员和团队其他成员或对讨论和决定达成共识等。

3.2.1 正式评审过程

为了有效管理和监控评审，需要定义正式而系统的评审过程，即定义详细的阶段和活动。正式的评审过程由6个阶段组成：计划阶段、预备会阶段（Kick Off Meeting）、个人准备阶段、评审会议阶段、返工阶段和跟踪结果阶段（参考 IEEE Std 1028-1997）。

1. 计划阶段

为了有效开展评审活动，首先需要进行评审计划。评审计划阶段主要确定评审对象和评审目的，该阶段的主要活动包括测试经理或管理者选择主持人；与主持人一起选择评审员、分配角色和职责；为正式的评审类型（例如审查）定义入口准则和出口准则；选择需要进行评审的文档或文档章节,以及针对更加正式的评审类型核对入口准则。

管理层必须在项目计划过程中,确定软件开发过程中的哪些文档需要进行评审,谁将参与评审以及采用什么评审类型。在项目计划中必须估算评审的工作量。在评审计划期间,主持人需要选择合适的评审员组成评审团队。通过和评审文档的作者一起,确保文档处于可评审的状态,即文档已经完备并且文档相关的工作已经完成。针对更正式的评审,还需要设定和检查入口准则以及设定出口准则。

通常情况下,从不同的角度对文档进行评审,或每个人只针对文档的某个方面进行评审,可以使评审更加容易成功。评审计划阶段需要确定评审的关注点。假如评审的目的是为了检查文档的基本质量,可以只对文档的高风险部分进行评审,或对评审对象进行抽样,并对抽样的内容进行评审。

假如需要针对评审召开预备会,必须选定预备会议的时间和地点。

2. 预备会阶段

假如评审计划中无法明确一些事情和注意事项,有时候在评审计划之后,还需要召开评审预备会。主持人召集评审员进行一个简短的会议,向评审员介绍评审的对象、评审的目的、评审的过程、入口准则和出口准则,给评审员分派评审任务和分发相关文档,以及介绍其他一些需要注意的事项。

3. 个人准备阶段

评审员明确了评审目的和各自的任务之后,接下来进入个人准备阶段。即在评审会议之前,每位评审员仔细阅读各自负责的评审内容,并根据提供的参考文档检查评审对象,标注评审对象中可能的不足、问题、意见和建议。评审员的充分准备是成功进行评审的一个重要前提条件。

4. 评审会议阶段

假如满足了评审的入口准则,就可以进入评审会议阶段。该阶段的主要活动包括通过文档化或会议纪要(针对更正式的评审类型)的方式讨论和记录评审过程和结果。评审员也可以简单地标识缺陷,提出建议来处理缺陷,或为如何处理缺陷做决定。

评审会议由主持人主持,主持人必须保证所有的评审员能够客观地表达他们的观点,确保评审对象关注在对产品的评估,而不是对作者的评估,并且预防或解决评审过程中可能出现的问题和冲突。主持人需要有良好的交际能力和技巧,以保证评审会议按照预期的目标进行,并激励参与人员为评审做出最大的贡献。

通常来说,评审会议的时间有限。评审的目的除了发现缺陷外,还包括判断评审对象是否满足需求、是否符合标准。评审的结果一般有接受、有条件接受和不接受。所有的评审员应该对这次评估的决定和综合结果达成一致。

下面是评审会议阶段需要注意的一些通用准则。

（1）评审会议的时间尽量控制在 2 个小时内。如果需要，可以在当天再发起另外一个评审会议。

（2）如果一个或多个专家（评审员）没有出席，或者他们没有准备充分，主持人有权取消或中止会议。

（3）评审的对象是文档，而不是作者，因此确保大家关注评审对象，而不是作者，这包括：

① 评审员必须要注意他们的言语以及表达的方式。

② 作者不应该成为被攻击的对象。作者应该把他人提出的意见和建议当作自己学习和提高的机会，并在必要时对自己的作品进行解释。

（4）主持人不应该同时作为评审员。

（5）修改方案的讨论不是评审的任务。

（6）每个评审员必须有机会充分地表达他们的观点。

（7）会议纪要必须充分表达评审员的意见。

（8）评审会议中提交的问题不应该以命令的形式提交给作者（中肯的改进或修改建议有时候对质量改进是有帮助的，并且是明智的）。

（9）针对不同的问题，划分不同的严重程度，缺陷按照严重程度分为：

① 严重缺陷（例如评审对象不能满足设计的目的，在批准评审对象之前必须修正相关缺陷）；

② 重要缺陷（影响评审对象的可用性，批准评审对象之前应该修改相关缺陷）；

③ 一般缺陷（小的偏差，基本不影响使用）。

（10）评审团队应该对评审对象给出最后的意见，例如：

① 接受（无需修改）；

② 有条件接受（需要修改，但不需要进一步评审）；

③ 不接受（需要进一步评审或其他的检查措施）。

（11）会议最后，所有参加人员需要签署最终的会议纪要。

会议纪要应包括会议中讨论的所有问题和异常现象。另外，评审总结报告应该收集评审过程中所有的信息和数据，包括评审对象、涉及的人员、人员的角色、重要问题的简短总结以及评审员建议的评审结果。当执行正式的评审时，还需要检查正式的出口准则。

5. 返工阶段

返工阶段的主要活动是修改发现的缺陷，通常由作者负责返工工作。作者同时需要更新相应的文档或者代码，以及更新之后的发布等。

6. 跟踪结果阶段

跟踪结果阶段的主要活动包括检查缺陷是否已修改、收集度量和检查出口准则（针对更正式的评审类型）。

通常需要指定专门的人负责跟踪缺陷的修改,例如主持人本人、主持人指定的其他人。假如评审的结果为"不接受",那么需要安排另外一次评审。重新进行评审的过程可以采用正式的评审过程,由于时间和成本等原因,通常情况下会采用更简单的方式。重新评审一般只对修改部分进行检查。

接下来需要对评审过程和评审结果进行评估,为评审的过程改进提供依据。例如根据评审结果,修改评审检查表,并保持它们是最新的。为了达到这个目的,必须收集和评估评审相关的度量数据。收集和分析连续发生或经常发生的缺陷类型,找出其根本原因,然后针对这些缺陷类型,计划和实施开发过程和测试过程改进,例如若发生该缺陷类型的根本原因是具体人员的知识和技能不足,可以通过培训进行弥补。同时,可以将这些缺陷类型加到评审检查表中,以提高评审的效率和有效性。

3.2.2 角色和职责

评审过程中需要有不同角色的人参与,他们在评审中的职责是不一样的,这一节将会对不同的角色和职责进行详细描述。

1. 经理或管理者

经理或管理者决定文档或者代码是否需要进行评审,若需要,则在项目计划中保留和分配足够的时间和资源。同时,在评审结束之后判断是否达到评审的目标。经理选择评审对象并确保基础文档和必需的资源可用,以及确定主持人和评审员的人选（也可由主持人来确定评审员）。

通常不建议管理者或者管理者代表参与评审会议,主要原因如下。

（1）首先,文档作者或评审员担心经理或管理者通过评审对他们进行考核,从而导致参加的评审员无法进行自由讨论。

（2）其次,除了项目管理人员参与的项目计划评审以及类似的评审之外,评审的对象文档更多的是关于技术方面的。作为经理或管理者,他们一般没有必要也不一定理解技术文档的具体内容。

2. 主持人

主持人负责文档或文档集的评审活动,其主要的职责包括制定评审计划、召开评审会议和跟踪评审结果,以及负责和评审有关的管理工作,确保评审有序进行从而达到期望的目标。主持人的另一个重要职责是收集评审数据和发布评审报告,用于软件开发和测试过程以及评审过程的改进。主持人还需要进行评审员不同观点之间的协调。

主持人对评审的成功至关重要,他们需要具备各种相关的技能。首先,主持人必须擅长评审会议的组织和协调,通过选择合适的策略引导会议有效地进行。其次,主持人必须能够在不打击参与者积极性的情况下,中止不必要的讨论,以及在评审员之间存在观点冲突的时候进行调解,以中立的立场协调参与者之间的讨论。最后,他们必须保持中立,不对评审对象发表自己的看法。

3. 作者

作者是提交评审的文档的创建者。如果多个人参与文档的创建,该文档的主要负责人可以指定为作者,由他负责该角色相关的职责和任务。

作者的主要职责包括使评审对象满足它的评审入口准则,例如确保文档处于合理的完成状态;根据作者对文档内容的理解和相关知识,支持文档的评审;作者需要负责文档评审以后的任何返工,并且使得评审对象满足它的评审出口准则。

对作者而言,重要的是不把评审员针对文档提出的问题,看作是对他个人的批评。作者必须明白评审的目的是帮助改进产品的质量。

4. 评审员

评审员一般是指具有专门技术或业务背景的人员,也称为检验员(Checker)、审查员(Inspector),他们在必要的准备后,标识和描述被评审对象存在的问题(缺陷)。他们是涉及评审对象内容相关技术方面的专家。评审员应该在评审过程中代表不同的观点。

评审员应该识别评审对象中存在的问题,并对它们进行适当的描述。他们可以代表不同利益相关者的观点(例如项目发起人、需求分析人员、设计人员、编码人员、安全相关人员、测试人员等),但是他们表达的观点必须和评审对象相关。

为了保证评审的有效覆盖率,有时候需要给一些评审员分配特定的评审主题。例如有的评审员可以关注特定标准的一致性,有的关注语法,有的关注整体的一致性。主持人应该在计划评审的时候分配这些角色。

评审员应该为评审会议做充分的准备。在评审对象描述不充分的地方和可能错误的地方做上相应的标记,并以作者能够修正的方式文档化。

5. 记录员

记录员记录所有在评审会议中提出的不足、问题(包括采取的措施、决定和建议等),以及在会议过程中标识的未解决的问题。记录员必须能够以简短和准确的方式记录评审中发现的问题,抓住评审过程中讨论的中心思想,清晰地表达问题。

有时,作者担当记录员这个角色是比较合适的,因为作者能够较容易地理解评审员提供的信息,同时清楚以什么样的准确度和详细程度对评审员提供的意见和建议进行记录。

3.2.3 评审类型

评审的类型是多样化的,不同的文档或者代码有时候需要经历不同的评审类型,因此,对同一个评审对象需要在不同的时间采用不同的评审类型。例如,技术评审之前首先进行非正式评审,在走查之前可能要进行需求说明审查。评审的对象既可以是项目的工作产品,也可以是项目当前的状态,评审员在技术、成本、进度等方面对项目的状态进行评估。

评审的类型主要包括非正式评审(Informal Review)、走查(Walkthrough)、技术评审(Technical Review)、审查(Inspection)。

1. 非正式评审

非正式评审是评审的精简版,它以一种简单的方式遵循评审的通用过程。通常情况下,文档作者发起非正式评审。评审计划局限在选择评审员和要求他们在规定时间内提交他们的意见和建议。非正式评审通常不召开评审会议,也不在评审员之间交换各自发现的问题。在这种情况下,评审只是作者和评审员之间的交互。评审的结果不需要明确的文档化,有时一个评审清单或修订文档就足够了。

非正式评审是一种由一个或多个同行完成的交叉阅读,结对编程、结对测试、代码交换以及类似的工作形式都可以认为是非正式评审的一种。非正式评审非常普遍,并且由于工作量小和简单方便而被广泛接收。

非正式评审的主要特点如下。

(1) 没有正式的过程。

(2) 可以由程序员的同行们或技术负责人对设计和代码进行评审。

(3) 评审结果可以文档化。

(4) 评审者不同,评审作用可能会不同。

(5) 其主要目的是以较低的成本获得收益。

2. 走查

在测试实践中,走查既可能是非常正式的评审活动,也可能是非常不正式的评审活动。走查的主要目的是发现文档中的错误、改进产品质量、考虑替换的实现方案以及评估文档内容和标准规格之间的符合程度,也可以是相互学习、增加理解的一个过程。

走查的关注点是召开评审会议(没有时间限制)。相对于其他类型的评审,走查的准备时间是最少的,有时甚至可以省略。在走查会议上,作者向评审员介绍或演示文档内容或者产品,例如根据软件处理事件的顺序,以检查典型的用例,有时候也称为场景,也可以模拟单个的用户使用场景。评审员通过自发的提问来发现可能的缺陷。

走查的过程适合5~10人的小型开发和测试团队,因为准备工作和后续工作不需要占用很多资源,因此成本较低。走查可以用来检查那些重要性较低的文档。

由于作者主导评审会议,因此他对走查过程有最大的影响力,例如可以决定会议讨论的重点。同时作者负责走查后续的跟踪,对于走查的后续活动,没有要求更进一步的检查。

以下方法也可用于走查：会议前评审员提前准备，评审结果写入会议纪要，列出所有的发现而不是让作者标记它们。实际上，从非正式到正式走查有很多变种。

走查的主要特点如下。

（1）由作者召集开会。

（2）以情景、演示的形式开展走查活动，并且以同行参加的方式进行。

（3）开放式模式。

（4）评审会议之前的准备、评审报告、发现的问题和记录员（不是作者本人）都不是必需的。

（5）在实际情况中可以是非常正式的，也可能是非正式的。

（6）其主要目的是学习、增加理解、发现缺陷。

3．技术评审

技术评审既可以是正式的，也可以是非正式的。技术评审的对象可以是正式的说明等技术文档，其关注的焦点是技术文档与其他参考文档之间的一致性，例如需求说明、标准等。参与技术评审的评审员必须是有资质的技术专家。为了避免项目盲点，参与评审的一些评审员可以不是项目的参与者，管理层也不需要参与。评审员写出他们发现的缺陷和建议，并在评审会议前提交给主持人。主持人（理想状态是经过培训的人员）根据他们认为的重要性为所有意见和建议设置优先级。评审会议上，只对主持人选择出的重要意见和建议做相关的讨论。

技术评审的大部分工作集中在准备工作阶段。在评审会议上，记录员记录所有的问题并准备评审结果的最终文档。评审结果必须获得所有参与人员的一致通过并签名。不同的意见应该记录在会议纪要中。对评审的结果做出决定不是评审员的工作，而是管理层的职责。如果是非常正式的技术评审，需要定义评审的入口准则和出口准则。

技术评审的主要特点如下。

（1）对发现的缺陷需要进行文档化。

（2）需要同行和技术专家的参与。

（3）没有管理者参与的同行评审。

（4）理想情况下由专门接受过培训的主持人（不是作者本人）来主持。

（5）会议之前需要进行准备。

（6）可以使用检查表、评审报告、发现的问题列表等。

（7）在实际情况中可以是非常正式的，也可能是非正式的。

（8）其主要目的是讨论、评估、发现缺陷，解决技术问题，检查与规格及标准的符合程度。

4．审查

审查是最正式的评审，它遵循正式严谨的评审过程。通常每个评审员都是从作者的直接同事或同行中选出的,并且具有固定的角色。按照一定的规则要求定义评审过程,针对审查的不同对象,使用包括审查标准(正式的入口准则和出口准则)在内的检查表。

审查的重点是发现文档的不清晰要点和可能的缺陷、度量文档质量、改进产品质量和开发以及测试过程。审查计划阶段,需要确定审查的目的,并且只对文档的特定部分进行检查。审查开始之前,根据正式入口准则检查审查对象,以确定是否可以开始审查活动。审查员(在审查过程中的评审员也可称作审查员)采用过程、标准和检查表等手段来准备审查内容。

审查会议遵循下面的议程。

主持人主持会议。主持人首先介绍参加人员和他们的角色,同时简单介绍需要检查的对象。主持人询问每个参与者是否准备充分,可以询问评审员用了多少时间以及发现了多少问题,来检查每个人是否为这次会议做了充分的准备。然后讨论文档格式的问题,并写入会议纪要。

其中的一个评审员用简单的、合理的方式来介绍审查对象的内容,也可以大声地朗读文档。在介绍文档的过程中,评审员开始提问,并对选择的审查内容进行仔细地检查。作者回答相关的问题,但是这个过程通常是被动的。如果作者和评审员对某个有疑问的意见不一致,可以在会议的最后继续进行讨论。

主持人必须在讨论失控的时候进行干预,还要保证评审会议覆盖了所有需要评审的内容以及整个文档。同时主持人还要保证记录员记录了所有的问题和疑问,并且进行跟踪。

在会议的最后,需要检查评审过程中发现的所有问题,以保证记录的完整性。对有争论的问题需要重新进行讨论,以决定它们是否是缺陷。如果依旧没有解决,需要将争论的观点写入会议纪要。

最后,根据评审过程中发现的问题和建议,确定审查对象是评审通过,还是需要返工。在审查完成后,需要管理后续的跟踪工作和重新审查工作。

审查过程中还有一个重要的工作,即收集数据对开发和测试过程和审查过程进行质量评估。审查工作除了可以评估被审查文档的质量外,还适用于开发过程和测试过程的改进。通过分析收集到的数据,可以发现开发过程和测试过程中存在的弱点。过程改进后,通过把以前的数据和当前的数据做比较以检查过程改进的有效性。

审查的主要特点如下。

(1) 由专门接受过培训的主持人(不是作者本人)来主持。

(2) 通常是同行检查。

(3) 定义了不同的角色。

(4) 引入了度量。

(5) 根据入口准则、出口准则和检查表定义正式的评审过程。

(6) 会议之前需要进行准备。

(7) 需要审查报告和发现问题列表。

(8) 有正式的跟踪过程。
(9) 可以进行过程改进。
(10) 其主要目的是发现缺陷。

3.2.4 评审成功的因素

评审类型的选择很大程度上取决于对评审以及评审对象质量的要求,以及需要花费的工作量,同时也取决于项目环境。评审类型的选择,会受到各种因素的影响,例如:

(1) 评审结果的形式。例如,是否需要具体的评审结果文档,或者只需要非正式的评审结果。

(2) 是否能找到5~7个技术专家都合适的评审时间?

(3) 是否需要有不同领域的技术知识?

(4) 需要多少有资质的评审员参与?

(5) 评审的收益(期望结果)和投入评审的工作量是否相一致,或者说是否值得?

(6) 评审对象是否具有正式的记录格式?是否可以通过工具支持来开展分析活动?

(7) 管理层是否支持评审活动?项目面临进度压力的时候,管理层是否会缩减评审时间和工作量?

根据组织和项目的特殊要求,可以对评审类型进行相应的裁剪,以提高评审的效率。另外,参与项目的不同人员之间的协同合作有利于项目质量的提高,因此项目团队相互检查各个阶段输出的工作产品,就可以在早期发现一些缺陷和含糊不清的地方,例如极限编程中建议的结对编程,可以认为是两个人进行评审的一种固定模式。假如项目是分布式开发的,组织评审就会比较困难,此时需要采用其他的一些手段支持评审,例如网络评审、视频评审、电话会议等。

成功开展评审,会受到各种因素的影响,例如:

(1) 为每次的评审预先确定评审目标。评审的目的可以是发现评审对象中的缺陷,提高评审对象的质量,也可以是相互学习和交流、决策和评估候选方案等。

(2) 针对评审目标,有合适的评审人员的参与。选择合适的评审员是评审成功的关键,要选择具有一定资质的人员参与,避免让领导或管理人员在不必要的情况下参与评审。

(3) 对发现的缺陷持欢迎态度,并客观地描述缺陷。对作者来说,应该把评审当作一次学习交流的机会,对意见和建议持欢迎的态度。对评审员来说,应该对事不对人,并能客观、中性地发表意见和建议。

(4) 能够正确处理人员之间的问题以及心理方面的问题(例如对作者而言,能让他觉得有积极正面的体验)。

(5) 采用的评审技术适合于软件工作产品的类型和级别以及参与的评审人员。

(6) 选用合适的检查表或定义合适的角色,可以提高评审过程中发现问题的效率。

（7）提供评审技术方面的培训，特别是针对正式的评审技术，例如审查。

（8）管理层对良好评审过程的支持（例如在项目计划中安排足够的时间来进行评审活动）。

（9）强调学习和过程的改进。不断从评审过程本身来学习经验教训，例如评审过程的持续改进等。

3.3 静态分析与工具支持

静态分析指的是不需要运行程序代码，借助工具对测试对象进行检查的技术。而动态测试需要真正运行软件的代码。静态分析可以发现在动态测试中很难发现的问题。与评审一样，静态分析通常发现的是软件的缺陷而不是软件运行的失效。静态分析工具能够分析程序代码（例如控制流和数据流），同时产生 HTML 和 XML 等格式的信息输出。

和评审一样，静态分析的目的是发现文档或者代码中的缺陷或者可能存在的缺陷隐患。不同的是，静态分析一般需要工具的支持。例如，拼写检查工具可以认为是静态分析的一种形式，它可以发现文档中的拼写错误，从而有利于文档质量的提高。静态分析的另外一个目的是得到度量数据，从而对测试对象的质量和复杂度进行度量和验证。

在使用工具对文档进行分析和检查时，被分析的文档必须以特定的结构和标准来组织。静态分析的对象可以是各种类型的正式文档，例如代码、技术文档、需求文档、软件架构或者软件设计、UML 中的类型图模型等。HTML 和 XML 格式产生的输出也可以通过工具支持来进行分析。也可以对设计阶段开发的正式模型进行分析，找到其中的不一致。目前，程序代码是软件开发过程中常见的可以进行静态分析的文档。

在组件测试或集成测试过程中，开发人员通常会使用静态分析工具，检查被测对象是否满足编程指南或编程规范。集成测试过程中，需要分析测试对象是否满足接口说明。

静态分析和评审是紧密联系的。若在评审之前进行了静态分析，可以发现很多的缺陷或异常，则可以显著提高评审效率。由于静态分析通常是工具支持的，因此其工作量会比评审少得多。

（1）假如对象是正规的文档，可以使用工具支持的静态分析，只要花费很少的成本就可以发现一些错误和不一致处，从而可以缩短评审的时间。

（2）通常，即使没有计划评审活动，静态分析也是应该经常使用的。通过静态分析发现和移除缺陷或异常，可以提高文档的质量。

并不是所有的缺陷都可以通过静态分析来发现，有些缺陷只有在程序运行的时候才能显现出来，即这些缺陷只有通过运行时才会转变成失效并被发现。例如，除法中的分母是一个变量，给这个变量的赋值为 0 时，运行程序就会出现问题。通过静态分析，发现这种类型的缺陷并不容易,除非常量 0 赋给了这个变量。另外一种方式是分析所有可能的路径来解决这个问题,但这种情况可能会出现潜在的风险:项目的延期。

另外,动态测试也不容易发现程序中的一些不一致和可能存在问题的区域。例如,测试对象和编程标准的差异、禁止使用具有错误倾向的程序结构等类型的缺陷,它们更容易通过静态分析(或评审)发现。

所有的编译器都会对程序代码进行静态分析,用来确认程序代码是否使用了编程语言的正确的语法。除了编译器外,还有称为分析器的工具,用它们对单个软件组件或集成系统进行分析。

用静态分析工具可以发现程序中的如下问题。

(1) 引用一个没有定义值的变量。

(2) 模块和组件之间的接口不一致。

(3) 从未使用的变量。

(4) 不可达代码或死代码。

(5) 逻辑上的遗漏与错误(潜在的无限循环)。

(6) 过于复杂的结构。

(7) 违背编程规则。

(8) 安全漏洞。

(9) 代码和软件模型的语法错误。

静态分析可以用来发现安全性问题。很多安全性漏洞是由于使用了错误倾向的程序结构,并且没有进行必要的检查而发生的。例如缺少缓冲区溢出保护,或者没有检查输入数据越界等问题。静态分析工具可以发现这种类型的缺陷,因为它们有标准的格式来查找和发现这种缺陷。

静态分析的优点如下。

(1) 在测试执行之前尽早发现缺陷和问题。

(2) 通过度量的计算(例如高复杂性测量),早期警惕可能存有问题的代码和设计(高风险区域)。

(3) 可以发现在动态测试过程中不容易发现的一些缺陷和异常。

(4) 可以发现软件组件之间的相互关联的不一致性。

(5) 可以改进代码和设计,增强可维护性。

开发人员通常在组件测试和集成测试之前或期间使用静态分析工具(例如检查预先定义的规则或编程规范),而设计人员在软件建模期间也会使用静态分析工具。

静态分析工具通常会产生大量的警告和注释信息。为了更加有效地使用工具,产生的大量信息必须进行适当的处理,例如通过设置工具参数,按照一定的顺序或规则控制产生的信息,否则使用这种工具的效率无法体现。编译器也可以为静态分析提供一些帮助,包括度量的计算等。

3.3.1 编译器分析工具

通过编译器分析工具可以发现编程语言语法错误，并且以错误或警告的方式进行报告。很多的编译器也会产生其他的信息，并且执行其他的检查。例如：

(1) 产生不同程序元素的交叉引用列表(例如变量、函数)。
(2) 检查编程语言中数据和变量的类型是否一致。
(3) 检查没有定义的变量。
(4) 检查不可达代码。
(5) 检查域边界的上限或下限(静态选择)。
(6) 检查接口的一致性。
(7) 检查所有作为跳转开始或跳转结束标签的使用。

这些信息通常提供在一个列表中。工具中报告的"疑似"结果通常是可能的缺陷隐患，因此，需要更进一步的分析。

3.3.2 规范标准一致性

通过静态分析工具还可以检查测试对象是否与规范、标准相一致，例如是否遵循了编程规范和标准。这种检查方式几乎不需要花费多少时间和人力成本。另外，通过静态分析工具检查还有一个优点：假如编程人员知道代码需要和编程规范进行一致性检查，他们会更乐于按照编程规范来工作。

3.3.3 数据流分析

数据流分析通过检查程序代码中的数据流来发现数据流异常。需要注意的是数据流分析通常发现的是数据流异常，不一定是缺陷。异常指的是由于不一致而可能导致的失效，也可能是代码的冗余。异常是一种风险，可能会触发系统的失效。

数据流异常有各种表现形式，例如变量没有赋值之前，就对该变量进行读取操作；或者变量赋值之后，但在程序中根本没有使用或读取该变量。在数据流分析过程中，检查每个变量的使用情况，并且根据每个变量的使用情况定义了三种不同的变量状态。

(1) 已定义(D-Defined)：变量已经赋值，表示此变量有确定的值。
(2) 被引用(R-Referenced)：读取或使用变量的值，表示此变量的值被使用了。
(3) 未定义(U-Undefined)：命名了变量，但还没有对变量赋值，或已经释放了变量(模块或函数结束时)，此时的变量没有确定的值。

跟踪每一个变量，通过分析变量的状态变化情况发现问题或异常，这里存在三种数据流异常的情况，即如果某个变量的先后状态连续出现 UR、RU 或 DD。

(1) UR-异常：程序路径上的某个变量的状态从 U(未定义)转化到 R(被引用)，表示读取了没有赋值的变量或已经释放的变量。

(2) DU-异常：某个变量的状态从 D(已定义)转化到 U(未定义)，表示变量已经赋值，但该变量未曾使用就已经是无效了，因为此变量又被重新命名了，原先的值已不复存在。

(3) DD-异常：某个变量的状态从 D(已定义)转化到 D(已定义)，表示变量被连续赋值了两次，在前一次赋值还没被使用的情况下又赋了第二个值，同时第一个赋值不复存在。

下面的例子中解释了不同类型的异常情况(以 C++语言为例)。函数的目的是假如变量 Min 的值大于变量 Max 的值，则通过变量 Help 的帮助，来交换参数 Max 和 Min 的整型值。

```
void exchange (int& Min, int& Max) {
int Help;
        if (Min > Max) {
        Max = Help;
            Max = Min;
            Help = Min;
        }
    }
```

通过如表 3-1 所示的数据流分析表可以对例子中的数据流进行分析。

表 3-1　数据流分析表

行号\变量	Min	Max	Help
1 (in)	D	D	
2			U
3	R	R	
4		D	R
5	R	D	
6	R		D
7			
8 (out)	U	U	U

通过分析变量的使用情况，可以发现以下异常。

(1) 变量 Help 的 UR 异常：变量的范围局限在函数内。变量的第一次使用是在赋值语句的右侧部分(语句 2)。这个时候，变量还没有赋值，而在语句 4 进行了直接的引用。变量声明的时候没有初始化(假如高级别的警告打开，这种异常也可以通过常用的编译器来发现)。

(2) 变量 Max 的 DD 异常：在赋值语句 4 和赋值语句 5 的左边，Max 变量连续使用了两次，因此 Max 赋值了两次。第一次的赋值就被忽略，第一次赋的值在被使用前已被第二次赋的值覆盖了。

（3）变量 Help 的 DU 异常：函数的最后一个赋值（语句 6），变量 Help 被赋了一个任何地方都不能用的数值，因为变量 Help 只有在函数内是有效的。

这个例子中，异常情况是明显的。但是在实际情况中问题可能会更复杂，函数的规模也可能会很大。这时候异常就不会这么明显，通过手动检查，例如评审，容易遗漏这些问题。而分析数据流的工具可以发现这些异常。

不是每个异常都会导致程序或者软件的不正确行为，成为一个失效。例如，DU-异常就不会有直接的影响，程序可以继续运行。所以我们应该去分析这些异常：为什么这个异常的赋值会出现在程序的这个特殊位置（语句 6）？通过分析找出引起这些异常的根源。通常，存在异常和问题的程序部分，更加需要进行检查以便进一步地发现不一致。

3.3.4 控制流分析

假如将程序的结构以控制流图的方式表示，控制流图中的节点代表代码中的可执行语句。可以将没有分支的顺序系列语句表示为一个节点，因为这一系列语句在程序执行时其控制流并不会发生变化。假如执行这系列语句的第一句，系列内的其他语句也一定会被执行到。

程序执行中顺序可能会发生变化的地方表示为分支，分支可以是判定语句，也可能是循环语句。例如判定语句 IF ，若判定计算的值为 TRUE，则程序继续执行以 THEN 开头的部分。若判定计算的值为 FALSE，则程序执行 ELSE 部分。假如是循环语句，循环会回到前面的语句，所以会重复执行控制流中的部分语句。

通过控制流图的清楚描述，可以很容易理解程序结构，同时可以发现一些异常，例如是否会异常跳出循环体，或者有几个出口的程序结构等。这些异常并不一定会导致失效，但它们不符合结构化编程的原则。在实际应用过程中，通过手工方式生成控制流图是很困难的，因此需要有相应工具的支持。

假如控制流图的部分或者整体非常复杂，它们之间的相互关系和事件顺序难以理解，这时候就需要修正程序的架构和内容，因为复杂的程序结构常常意味着潜在的错误风险。而圈复杂度静态分析工具可以分析代码的复杂程度。

3.3.5 圈复杂度

静态分析工具除了上面提到的静态分析能力外，还可以提供度量值。软件系统的质量特性可以通过度量值进行度量。通过检查度量值，确认它们是否满足特殊的需求。

定义软件特殊属性度量的目的是获得抽象软件的定量测量。因此，度量只能对经过检查的软件部分提供判断，并且计算得到的测量值，需要和经过检查的其他程序或程序模块之间比较，这样才有意义。

圈数可以用来测量程序代码结构的复杂度,所以也称作圈复杂度,如图 3-1 所示。

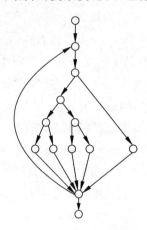

图 3-1　圈数计算的控制流图

对于程序或程序模块的控制流图 G,它的圈复杂度(圈数)可以通过下面的公式计算得到:

$$v(G) = e - n + 2$$

其中:

$v(G)$ 为控制流图 G 的圈数;

e 为控制流图中的边数;

n 为控制流图的节点数。

图 3-1 表示了程序模块的控制流,它是可以被调用的函数。圈数的计算式如下。

$$v(G) = e - n + 2 = 17 - 13 + 2 = 6$$

其中:

e 为控制流图的边数 $= 17$

n 为控制流图的节点数 $= 13$

计算得到的圈数为 6,根据 McCable 原则,这个数值属于可以接受的中间范围。McCable 原则一般认为圈数大于 10 是不可接受的,若圈数大于 10 则建议需要对程序代码进行重新设计。通过圈数可以获得不同组件/模块的相对复杂度,有效地安排资源,并确定测试的广度和深度。例如假如某个组件的圈数较大,说明此组件相对比较复杂、风险也较大,可能会考虑对此组件进行更深入的测试、花费更多的资源。

圈数也代表了程序模块的控制流图中独立路径的数目,这组独立路径代表了控制流图中的所有特征,而其他的非独立路径都可以通过这组独立路径运算得出。因此圈数可以用来估算程序代码的可测试性和可维护性。为了有效地测试控制流图中的所有特征,则至少需要覆盖所有的独立路径,因此圈数提供了关于测试用例数目的重要信息。维护代码最基本的要求是了解程序。程序圈数越大,理解程序模块的难度越大。

圈数的一个缺点是没有考虑用来选择控制流的条件复杂性。不管条件是由多个原子条件通过逻辑运算符连接而成的复合条件,还是单个条件,都不会影响圈数的计算。

更多关于圈的知识请参见相关资料。

3.4 习题

1. (K1)关于静态分析的描述,下列选项正确的是( )。
   A. 开发人员通常在软件验收期间使用静态分析工具
   B. 静态分析不需要运行被测软件,且能发现软件的失效
   C. 通过静态分析能够发现模块和组件之间的接口不一致
   D. 通过静态分析能够发现软件内的所有缺陷

2. (K1)下面不属于软件评审的好处的是( )。
   A. 增加测试的时间
   B. 尽早发现和修改缺陷
   C. 改善开发能力、缩短开发时间
   D. 缩减测试成本

3. (K1)"向评审员解释评审的目标"属于下列哪个阶段的主要活动?( )
   A. 计划阶段
   B. 预备会阶段
   C. 个人准备阶段
   D. 评审会议阶段

4. (K2)在评审过程中,主持人的主要职责是( )。
   A. 决定是否需要进行评审
   B. 主持文档或文档集的评审活动
   C. 标识和描述被评审产品存在的问题(如缺陷)
   D. 记录所有的事件、问题

5. (K1)参与正式评审的所有角色包括哪些?( )
   A. 作者、评审员、记录员
   B. 经理、作者、主持人、评审员、记录员
   C. 经理、主持人、作者、记录员
   D. 主持人、作者、评审员

6. (K1)下面哪个活动是属于主持人的主要职责?( )
   A. 决定哪些文档需要进行评审
   B. 主持文档或者文档集的评审活动,包括制订评审计划、召开会议和会议后对结果的跟踪
   C. 负责文档的修改
   D. 记录评审会议中的各种事件和问题

7. (K1)下面哪个缺陷是静态分析工具容易发现的问题?(　　)
A. 代码实现和设计要求不吻合
B. 软件的可维护性差
C. 引用了某个没有定义的变量
D. 内存泄漏

8. (K2)下面关于评审的作用,说法正确的是(　　)。
a. 评审能够发现缺陷、缩短开发时间
b. 评审应该尽早开展,可以减少动态测试的成本
c. 静态测试和动态测试是互补的,有些问题要到动态测试的时候才能发现
d. 评审员需要清晰地标注评审问题和结果,以帮助作者改进文档质量
A. a,b
B. a,c
C. a,b,c
D. a,b,c,d

第 4 章

测试设计技术

学习目标

编号	学习目标描述	级别
LO-4.1.1	明确测试设计说明、测试用例说明和测试规程说明的区别	K2
LO-4.1.2	比较术语:测试条件、测试用例和测试规程	K2
LO-4.1.3	对测试用例本身的质量可以从与需求的可追溯性以及期望结果这两方面来评价	K3
LO-4.1.4	根据测试人员的理解水平,将测试用例转换为不同详细程度的结构合理的测试规程说明	K3
LO-4.2.1	理解在测试用例设计中,为什么需要采用基于说明的测试方法(黑盒测试)和基于结构的测试方法(白盒测试)?列举出各自比较常用的技术	K1
LO-4.2.2	解释基于说明的测试、基于结构的测试和基于经验的测试三者的特征和区别	K2
LO-4.3.1	使用等价类划分、边界值分析、决策表和状态转换图/表对指定的软件模型编写测试用例	K3
LO-4.3.2	解释这 4 种测试设计技术各自的主要目的,这些技术可以应用于什么测试级别和测试类型,以及如何测量测试覆盖	K2
LO-4.3.3	解释用例测试的概念和应用这种技术的优点	K2
LO-4.4.1	描述代码覆盖的概念及其重要性	K2
LO-4.4.2	解释语句覆盖和判定覆盖等概念,理解这些概念除了可以应用在组件测试外,还可以应用在其他任何测试级别上(例如系统级别上的业务过程测试)	K2
LO-4.4.3	根据给定的控制流,使用语句测试和判定测试设计技术编写测试用例	K3
LO-4.4.4	根据已定义的出口准则评估语句覆盖和判定覆盖的完整性	K4
LO-4.5.1	复述在哪些情况下使用基于直觉、基于经验和知识、基于对常见缺陷的认识来编写测试用例	K1
LO-4.5.2	比较基于经验的方法和基于说明的方法之间的区别	K2
LO-4.6.1	根据给定的因素,例如测试依据、各自的模型和软件特性等,选择合适的测试设计技术	K2

术语

术　　语	含　　义	解　　释
Test Case Specification	测试用例说明	对于一个测试项,用来指定一组测试用例(目标、输入、测试动作、期望结果、执行预置条件)的文档
Test Design	测试设计	(1) 参见 Test Design Specification (2) 将测试目标转换成具体的测试条件和测试用例的过程
Test Execution Schedule	测试执行进度表	测试过程的执行计划,这些测试过程包含在测试执行进度表中,执行进度表列出了执行任务间的关联和执行的顺序
Test Procedure Specification	测试规程说明	规定了执行测试的一系列行为的文档。也称为测试脚本或手工测试脚本
Test Script	测试脚本	通常是指测试规程说明,尤其是自动化的
Traceability	可追溯性	识别文档和软件中相关联条目的能力。例如需求与相关测试关联。参见 Horizontal Traceability,Vertical Traceability
Test Design Specification	测试设计说明	为一个测试项指定测试条件(覆盖项)、具体测试方法并识别相关高层测试用例的文档
Horizontal Traceability	水平可追踪性	一个测试级别的需求和相应级别的测试文档(例如测试计划、测试设计说明、测试用例说明、测试规程说明或测试脚本)之间的可追踪性
Vertical Traceability	垂直可跟踪性	贯穿开发文档到组件层次的需求跟踪
Black-box Test Design Technique	黑盒测试设计技术	基于系统功能或非功能说明书来设计或者选择测试用例的技术,不涉及软件内部结构
Experienced-based Test Design Technique	基于经验的测试设计技术	根据测试人员的经验、知识和直觉来进行用例设计和/或选择的一种技术
Test Design Technique	测试设计技术	用来衍生和/或选择测试用例的步骤
White-box Test Design Technique	白盒测试设计技术	通过分析组件/系统的内部结构来产生和/或选择测试用例的规程
Boundary Value Analysis	边界值分析	一种黑盒设计技术,基于边界值进行测试用例的设计,参见 Boundary Value
Boundry Value	边界值	通过分析输入或输出变量的边界或等价划分的边界来设计测试用例
Decision Table Testing	决策表测试	一种黑盒测试设计技术,设计的测试用例用来测试决策表中各种条件的组合。参见 Decision Table
Decision Table	决策表	一个可用来设计测试用例的表格,一般有条件桩、行动桩和条件规则条目和行动规则条目组成
Equivalence Partitioning	等价类划分技术	一种黑盒测试设计技术,该技术从组件的等价类中选取典型的点进行测试。原则上每个等价类中至少要选取一个典型的点来设计测试用例

续表

术语	含义	解释
State Transition Testing	状态转换测试	一种黑盒测试设计技术,所设计的测试用例用来执行有效和无效的状态转换。参见 N-switch testing
Use Case Testing	用例测试	一种黑盒测试设计技术,所设计的测试用例用于执行用例场景
Code Coverage	代码覆盖	一种分析方法,用于确定软件的哪些部分被测试套件覆盖到了,哪些部分没有,包括语句覆盖,判定覆盖和条件覆盖
Decision	判定	有两个或多个可替换路径控制流的一个程序控制点,也是连接两个或多个分支的节点
Decision Coverage	判定覆盖	执行测试套件能够覆盖的判定结果的百分比。100%的判定覆盖意味着100%的分支覆盖和100%的语句覆盖
Branch	分支	在组件中,控制从任何语句到其他任何非直接后续语句的一个条件转换,或者是一个无条件转换,例如 case, jump, go to, if-then-else 语句
Branch Coverage	分支覆盖	执行一个测试套件所能覆盖的分支的百分比。100%的分支覆盖是指100%的判定条件覆盖和100%的语句覆盖
Statement	语句	编程语言的一个实体,一般是最小的、不可分割的执行单元
Statement Coverage	语句覆盖	由测试套件运行的可执行语句的百分比
Exploratory Testing	探索性测试	一种非正式的测试设计技术,测试人员能动地设计一些测试用例,通过执行这些测试用例和在测试中得到的信息来设计新的更好的测试用例
Fault Attack	故障攻击	参见 Attack
Attack	攻击	通过使测试对象产生特定类型的失效,有组织、有目的地评估其质量,尤其是可靠性。参见 Negative Testing
Negative Testing	逆向测试	一种旨在表现组件/系统不能正常工作的测试。逆向测试取决于测试人员的想法、态度,而与特定的测试途径或测试设计技术无关,例如使用无效输入值测试或在异常情况下进行测试

4.1 测试开发过程

测试开发过程包括测试分析、测试设计和测试实现三个阶段,主要测试活动包括识别测试条件(Test Conditions)、开发测试用例(Test Cases)和定义测试规程(Test Procedures)。根据具体情况,测试开发过程可以采用很少甚至没有文档的非正式方式,也可以采用非常正式的方式。其测试开发过程的正式程度依赖于测试背景,包括组织架构、测试及开发过程的成熟度、项目的时间限制、安全需求以及参与人员的资质等。

在测试分析阶段,要对测试基础文档,即测试依据进行分析,从而决定测试什么,也就是明确测试条件。测试条件是能通过一个或多个测试用例进行验证的一个条目或事件,例如功能、事务处理、质量特征或结构元素等。

建立从测试条件到需求的可追溯性,有助于需求变更时的影响分析和测试用例集的需求覆盖率分析。在测试分析阶段,还应该考虑已经识别的风险,基于这些风险确定采用的具体测试方法并选择合适的测试技术。

在测试设计阶段,要定义和记录测试用例和测试数据。测试用例由输入值、执行的前提条件、预期结果和执行的后置条件等元素组成,以覆盖一定的目标或测试条件。测试设计说明(包含测试条件)和测试用例说明的内容在 IEEE Std 829—1998 中有具体的描述。

预期结果应该作为测试用例说明的一部分,同时包含测试输出、数据和状态的变化,以及其他的测试结果。假如没有明确预期结果,则一个看似合理却错误的结果可能被视为正确的结果。理想情况下应该在测试执行之前明确定义预期结果。

在测试实现阶段,其主要的活动包括(实际)测试用例的开发与实现、测试套件(Test Suite)的组织和优先级确定,这些工作的结果应该包含在测试规程说明中。测试规程说明(或者手工测试脚本)描述了测试用例执行的顺序。如果使用测试执行工具进行测试,则在自动化测试脚本中体现了这种测试的动作顺序(自动化的测试规程)。

测试执行进度表中体现了不同的测试规程和自动化测试脚本,并定义了自动化测试脚本的执行顺序、执行的时间和执行者。测试执行进度表同时还需要考虑其他因素,例如回归测试、测试优先级以及测试活动之间的依赖关系等。

4.2 测试设计技术的种类

使用测试设计技术的目的是识别测试条件和开发测试用例。测试人员必须在测试过程中尽量发现测试对象中的缺陷,以尽可能少的成本验证尽量多的需求。为了达到这个目的,采用系统化的测试技术是必需的。非系统化的测试不能为测试对象提供全面的质量保证。测试人员需要对测试对象可能的处理情况进行尽可能多的测试。当然,最好的方法是对测试对象处理的所有情况都进行测试。然而,对具有一定规模和难度的软件系统进行穷尽测试几乎是不可能的。因此,测试人员需要采用系统化的方法,即合适的测试技术识别测试条件和设计测试用例,从而通过执行较少的测试用例达到软件测试的目的,例如尽量多地发现软件中存在的缺陷。

对测试对象进行测试可以采用不同的测试技术。这些技术主要可以分成两种类型:黑盒测试技术和白盒测试技术。

黑盒测试设计技术也称为基于说明的测试技术,指的是基于系统功能或非功能说明来设计或者选择测试用例的技术,它不涉及被测软件内部结构,即通过分析测试说明设计测试用例。黑盒测试技术可以用来成生功能性和非功能性的测试用例。黑盒测试，顾名思义，不需要使用任何关于被测组件或系统的内部结构信息。白盒测试技术也称为结构化或基于结构的测试技术，指的是通过分析组件/系统的内部结构来产生或选择测试用例的技术。

除了黑盒测试技术和白盒测试技术，本大纲还涉及一种测试技术叫作基于经验的测试技术。该技术根据测试人员的经验、知识和直觉来进行测试用例设计，它常常作为系统化测试的有效补充。

黑盒测试技术和白盒测试技术可以与基于经验的测试技术结合，以补充开发人员、测试人员和用户的经验，从而决定什么应该被测试。测试过程中测试人员应该综合应用这三种测试技术，以更好地满足对测试覆盖率和测试质量的要求。

基于说明的测试技术具有以下共同特点。
（1）使用正式或非正式的模型来描述需要解决的问题、软件或其组件等。
（2）根据这些模型，可以系统地导出测试用例。

基于结构的测试技术具有以下共同特点。
（1）根据软件的结构信息设计测试用例，例如软件代码和详细设计信息。
（2）可以通过已有的测试用例测量软件的测试覆盖率，并通过系统化的设计测试用例提高覆盖率。

基于经验的测试技术具有以下共同特点。
（1）测试人员根据自己的经验和知识编写测试用例。
（2）测试人员、开发人员、用户和其他的利益相关者对软件、软件使用和环境等方面所掌握的知识作为信息来源之一。
（3）对可能存在的缺陷及其分布情况的了解作为另一个信息来源。

4.3 黑盒测试技术

应用黑盒测试技术，测试人员不需要了解被测对象的内部结构和具体设计。测试人员通过分析被测对象的测试依据设计测试用例。如果测试能够考虑到所有输入数据的所有可能的组合，那么它就是一种完全测试。根据测试的基本原则：完全组合的所有可能将会是一个天文数字，因此完全测试几乎是不可能的。测试用例设计必须从所有可能的测试用例中进行合理的选择。而黑盒测试技术中为测试人员提供了减少测试组合的一些测试技术。

本章节中将会对几种常见的黑盒测试技术基本原理进行解释，并通过案例阐述应用这些测试技术的方法。这些黑盒测试技术主要包括：
（1）等价类划分。
（2）边界值分析。

(3) 决策表测试。
(4) 状态转换测试。
(5) 用例测试。

4.3.1 等价类划分

1. 等价类划分技术介绍

等价类划分技术是一种典型的、常用的黑盒测试技术,它把被测对象的输入数据或输出数据根据它们的处理方式或反应划分成若干个等价类。等价类指的是根据说明,输入域或输出域的一个子域内的任何值都能使组件或系统产生相同的响应结果,即针对同一个等价类内的数据,被测系统以相同的方式处理或具有相同的反应。该技术从构建的等价类中选取典型的数据进行测试,这些测试数据称为等价类的代表值。原则上每个等价类中只要选取一个代表值来设计测试用例,就能覆盖所有的等价类,但有时还得考虑不同等价类的组合情况。

从测试人员的角度而言,测试对象是对同一等价类中的不同数据以相同的方式进行处理,因此只需要选择等价类中的一个具有代表性的数据(代表值)进行测试,而对同一等价类内的任何其他数据进行测试,测试对象不会有其他不同的反应和行为。

一般可以把被测对象的输入或输出首先分成两个基本等价类:有效等价类和无效等价类。有效等价类内包含了所有的有效数据,而无效等价类内包含了无效数据,即被测对象将拒绝这些数据或对这些数据进行出错处理。在测试过程中不仅要对有效等价类内的数据进行测试,而且还要对无效等价类内的数据进行测试。在划分基本等价类后还应该考虑对基本等价类进行细化,将基本等价类划分成更小更细的等价类。测试过程中需要设计不同的测试用例覆盖不同的等价类或等价类的组合。等价类划分技术可以应用在不同的测试级别(例如组件测试、集成测试、系统测试和验收测试)中。

这里以计算圣诞节奖金为例说明如何使用等价类划分技术设计测试用例。下面是针对员工圣诞节奖金计算的一段需求描述:员工在公司工作时间超过 3 年,可以得到月收入 50% 的圣诞节奖金;员工在公司工作时间超过 5 年,可以得到月收入 75% 的圣诞节奖金;员工在公司工作时间超过 8 年,可以得到月收入 100% 的圣诞节奖金。根据员工的不同服务年限计算奖金,可以得到如表 4-1 所示的 4 个不同的有效等价类(valid Equivalence Classes,vEC)。

表 4-1 有效等价类和代表值

程序参数	有效等价类	等价类代表值
员工服务年限	$vEC_1: 0 <= x <= 3$	2
	$vEC_2: 3 < x <= 5$	4
	$vEC_3: 5 < x <= 8$	7
	$vEC_4: x > 8$	12

在这里,选择 2、4、7、12 这 4 个数据作为每个有效等价类的代表值。假如在这基础上再增加以 1、6、9、17 作为输入数据的测试用例,这 4 个新增加的测试用例并不会加深测试的深度,也不会发现更多的软件失效。基于这样的假设,就没有必要增加额外的测试用例。

除了有效等价类外,还必须对无效等价类进行测试,同样需要考虑无效等价类的细分,以及利用这些无效等价类的代表值进行测试用例的设计。在前面提到的例子中,有如下两个无效等价类(invalid Equivalence Classes,iEC),如表 4-2 所示。

表 4-2 无效等价类和代表值

程 序 参 数	无效等价类	等价类代表值
员工服务年限	$iEC_1: x < 0$:员工在公司的服务年限不可能是负值	-5
	$iEC_2: x > 70$:服务年限大于 70 是不现实的	80

注意:值 70 是根据经验选择的,因为没有公司会雇佣员工这么长的时间。该数值也可以通过开发人员与客户的沟通获得。公司的最大服务年限应该和实际情况相一致。

下面讲解如何根据前面的等价类划分结果系统化地获取测试用例,一般分为如下步骤。

(1) 确定基本等价类:对需要测试的每个输入(参数),例如在组件测试中函数/方法的参数或者系统测试中的屏幕输入域,需要确定所有可能的输入值范围(包括有效和无效的输入),这些输入值范围可以继续细分成不同的等价类。首先确定有效输入,它包含了所有有效输入值的有效等价类,测试对象应该按照测试基础文档处理这些输入值。将不在这个范围内的输入值看成是包含无效值的无效等价类,同样需要检查测试对象在输入无效值时是如何进行处理的,即系统或组件的健壮性测试(或逆向测试)。

(2) 细分等价类:若测试对象的说明中规定等价类中的一些参数需要进行不同的处理,这些参数就需要归类到一个新的等价类内。如有可能,应细分等价类,增加测试的深度。

(3) 选择代表值和设计测试用例:对每个等价类,选择其中的一个代表值进行测试。测试人员需要定义每个测试用例的前置条件、期望结果、测试步骤、后置条件等完成测试用例的设计。如果有一个以上的输入(参数),则需要根据一定的策略组合等价类的代表值进行测试。

针对输入数据划分等价类的原则同样适用于输出数据。而根据输出数据获取测试用例的代价会更高,因为针对输出数据划分的等价类,必须确定相应的输入数据。同样,对输出数据,也必须考虑无效等价类的情况。

划分等价类和选择其中的代表值都需要仔细斟酌,测试中发现缺陷的可能性很大程度依赖于等价类划分的质量,以及选择哪个代表值设计测试用例。通常,从说明或者其他文档中获取等价类并不是一件简单的事情。

一般情况下，选择等价类中的边界值作为代表值设计测试用例，其效率会更高，能发现更多的缺陷。有时用自然语言无法精确定义等价类的边界，容易造成需求文档的描述存在误解或者不正确。例如用自然语言阐述需求"超过3年"，可能的意思是数据3包含在等价类之内（EC：$x \geqslant 3$），也可能是在等价类之外（EC：$x > 3$）。这样，加入$x = 3$的测试用例就可能发现这个歧义。在后面的章节中会详细讨论边界值的分析。

表4-3中通过标识一个整型输入数据的所有可能的等价类来阐述构建等价类的步骤。表中包括了功能函数calculate_price( )的整型参数Extras的等价类划分结果。

表4-3 整型数值等价类划分

参 数	等 价 类
Extras	vEC_1：[MIN_INT, …, MAX_INT][①]
	iEC_1：NaN (Not a Number)

需要注意的是，这里的值域与纯粹的数学概念不一样，它在计算机内受到计算机所允许的最大值和最小值的约束，小于计算机的最小值以及大于计算机的最大值的那些值通常会引发失效，因为超过了这个极限，计算机就无法进行正常工作。

考虑下面无效等价类的情况：无效值是那些大于或者小于允许应用范围的值，或者那些非数字(NaN)的输入。假如程序对无效值的处理是一样的（例如输出错误信息"数据无效！"NOT_VALID作为异常处理），将所有可能的无效输入值作为一个共同的无效等价类就足够了。浮点数也属于这个无效等价类，因为程序对3.5这样的输入值也会显示出错信息。在这种情况下，等价类划分方法就不需要对无效输入值进行更进一步的细分，因为程序对任何一种错误的输入下都应该有相同的反应。但是，对于一个有经验的测试人员，他还是会采用浮点数的测试用例来判断程序是否会对浮点数进行取整，然后继续以取整的数值进行处理。设计这些额外的测试用例需要测试人员采用基于经验的测试技术。

由于程序对正数和负数的处理不一样，因此必须对等价类进一步细分。0也是一个经常导致失效的输入数据，因此，有必要对它进行测试。细化后的代表值如表4-4所示。

表4-4 整型等价类代表值

参 数	等 价 类	代 表 值
Extras	vEC_1：[MIN_INT, …, 0)	−123
	vEC_2：[0, …, MAX_INT]	654
	iEC_1：NaN (Not a Number)	"f"

出现在等价类描述中的")"表示不包含给定值的一个开放的间隔，例如"[MIN_INT, …, 0)"表示从MIN_INT到0，但不包括0的整数。它与[MIN_INT, …, −1]定义的是同一个等价类，因为现在处理的是整型数据。

[①] MIN_INT和MAX_INT分别表示计算机能够处理的最小值和最大值，这些值会随着计算机硬件的不同而发生变化。

对于整型输入数据的例子，确定等价类和相应的代表值相对比较简单。但是除了基本的数据类型外，还经常会出现复合的数据结构或对象集合作为值域的情况，这个时候等价类的划分和代表值选取的难度要更大一些。

下面的例子可以阐明对象集合类型的等价类划分：旅游者可以是儿童、青少年、成年人、学生、残疾人或者退休者。假如测试对象对每种不同类型的旅游者有不同的处理方式，则每种可能的情况都需要有相应的测试用例来验证。假如需求中没有规定对不同的旅游者类型需要不同的处理，这时可能只需设计一个测试用例就足够了。在这种情况下，只要随意选择旅游者列表中的一个正确的值即可。

假如测试对象是一个计算旅行费用的程序，而其中费用的多少和旅游者的类型有关，则必须设计 6 个不同的测试用例进行验证。费用的计算对不同类型的旅游者可能是不一样的，这时候就需要了解需求的详细信息。为了证明费用计算的正确性，对每种费用计算都需要相应的测试来进行验证。

假如测试对象是处理预订座位的程序，则只需选择其中的一个代表值即可，例如选择旅游者是成年人的情况，这里不需要具体关注是青少年还是退休者预定了座位。需求说明应该对具体的内容进行说明并且进行相应的分析。

以下提示可以帮助确定等价类。

(1) 根据说明确定输入和输出的范围和条件。

(2) 针对每个规定的范围或条件，划分等价类：

① 假如需求描述的范围是连续的数据域，则可以创建一个有效等价类和两个无效等价类。连续的有效输入是一个有效等价类，另外两个无效等价类分别是这个连续数据域的两侧。例如，公司定义的员工工资范围为 2000～51 999 元/月。那么可以得到一个 2000～51 999 的有效等价类(包括 2000，包括 51 999)；两个无效等价类分别是小于 2000 的值和大于 51 999 的值。对于有效等价类，可以选择 5000 作为代表值，而对于无效等价类，可以分别选择 1000 和 60 000 作为代表值。

② 假如描述的是数值的个数，则可以创建一个有效等价类(所有可能的有效值)和两个无效等价类(少于和多于有效的个数)。例如，视屏点播组可以加入的用户是 1～5 个。那么可以得到一个有效等价类(1～5 个用户)，两个无效等价类分别是小于 1 个用户和大于 5 个用户。对于有效等价类，可以选择 3 作为代表值；对于无效等价类可以分别选择 0 和 6 作为代表值。

③ 假如描述的是一组值(N 个值)，并且测试对象对每个值进行不同的处理，则可以为集合中的每个值创建一个有效等价类(只包含这个值)，总共有 N 个有效等价类和一个无效等价类(包含集合以外的所有可能的其他值)。

④ 假如描述的是一组值(N 个值)，并且测试对象对每个值都进行同样的处理，则可以针对集合中的这组值创建一个有效等价类(可以挑选任何其中任何一个值作为代表值)和一个无效等价类(包含集合以外的所有可能的其他值)。

⑤ 假如描述的是一个必须满足的条件，则创建一个有效等价类和一个无效等价类，

分别从两个等价类中取值来测试这个条件的满足与不满足情况。

⑥ 假如描述的是多个必须满足的条件，则创建一个有效等价类（同时满足所有要求的条件）和若干个无效等价类（分别违反其中的一个条件）。例如，变量名包含数字和字母，必须以字母开头，并且长度为8，那么可以得到一个有效等价类，即变量名包含数字和字母，以字母开头并且长度为8；若干个无效等价类，例如以数字开头、包含不是字母或数字的其他符号或者变量名长度不是8。

(3) 假如不能确认在一个等价类内的数值是否会被测试对象等同对待，则应该将此等价类进一步细分。

2．测试用例

通常，测试对象会有一个以上的输入参数，而等价类划分技术通常为测试对象的每个参数至少创建两个等价类，即一个有效等价类和一个无效等价类，因此对每个参数都必须至少有两个代表值作为测试输入。

设计测试用例时，需要给每个参数赋予一个输入值。为此，测试人员必须确定怎样组合这些代表值，使其成为一组高效的输入数据。为了更好地触发测试对象的所有反应（通过先前的等价类划分提示），可以根据下面的准则组合相应等价类的输入代表值。

(1) 有效等价类组合：设计一组测试用例，组合所有有效等价类的代表值，使得所有有效等价类的组合均被测试用例覆盖。这些测试用例也叫正向测试用例。

(2) 无效等价类组合：无效等价类的代表值只能和其他有效等价类的代表值进行组合。因此每个无效等价类将产生一个专门测试无效输入数据的测试用例，或者叫逆向测试用例，以测试组件或系统的健壮性。

有效测试用例的个数等于每个参数的有效等价类个数的乘积，即使只有几个有限的参数也可能会产生数以百计的有效测试用例。然而在现实中很少会使用这么多的测试用例，往往会选择部分测试用例进行测试。为了提高效率，又要保证测试质量，因此有必要采用更多的规则来减少有效测试用例的数目，例如：

(1) 由所有代表值组合而成的测试用例按使用频率（典型的使用特征）进行排序，并按照这个序列设置优先级，只选择重要的典型测试用例（经常使用的那些组合）。

(2) 优先考虑包含边界值或边界值组合的测试用例。

(3) 覆盖任意两个等价类代表值的组合（即两两组合代替完全组合）。

(4) 保证满足最小原则：每一个等价类的代表值至少在一个测试用例中出现过。

一般情况下，一个无效等价类的代表值不应该与其他无效等价类的代表值进行组合。无效等价类的代表值应该只和有效等价类的代表值进行组合，因为一个无效参数值通常会触发测试对象的异常处理，而且与剩下的其他参数值是无关的。假如测试用例组合了超过一个以上的无效值，可能导致相互的缺陷屏蔽，而实际上可能只测试到了其中一个参数的异常处理；在出现失效时，也很难判断是哪个无效值触发了这个失效，这就需要额外的时间和精力来做进一步分析。

下面以虚拟汽车销售助理系统(VSR)的子系统 DreamCar 的一个功能函数 caculate_price()作为例子阐述等价类划分技术,此子系统的功能函数描述如下。

(1) 汽车价格的起点是基本价(Baseprice)减去经销商折扣(Discount)。

(2) 在汽车价格上增加特殊设备包的特殊价格(Specialprice)和附加设备的价格(Extraprice)。这里的汽车的基本配置就相当于裸车,客户可以根据自己的需要挑选附加设备进行配置,如增加音响设备、反光镜加热去雾系统等。销售商也会根据一定的销售策略将一组附加设备打包后优惠销售,这就是特殊设备包。

(3) 如果选择了三个或更多的附加设备,并且这些设备不包含在特殊设备包中,这些附加设备可以有 10% 的折扣。如果选择了 5 个或更多的附加设备,并且这些设备不包含在特殊设备包中,这些附加设备的折扣可以增加到 15%。

(4) 经销商明确给客户的经销商折扣只与汽车的基本价和选择的附加设备有关,特殊设备没有折扣。

(5) 由经销商给客户的经销商折扣和附加设备超过一定数量而给的折扣不能合并。在计算附加装备价格时,如果经销商给客户的经销商折扣大于附加设备的折扣,则以经销商给客户的经销商折扣为准,否则以附加设备折扣为准。

需要测试这个函数是否在输入数据后始终能根据规范说明正确地计算出总价。假设只有函数的功能描述和函数的接口描述,并不清楚函数的内部结构。

```
double calculate_price ( double baseprice,      //base price of the vehicle
                        double specialprice,    //special model addition
                        double extraprice,      //price of the extras
                        int extras,             //number of extras
                        double discount         //dealer's discount
                      )
```

应用等价类技术从输入参数导出所需的测试用例。首先,需要确定每个输入参数的取值范围,从而获取每个输入参数的有效值的等价类和无效值的等价类。

利用这个技术,并根据接口说明,为每个参数生成一个有效等价类和一个无效等价类,如表 4-5 所示。

表 4-5　参数的有效等价类和无效等价类

序号	参　　数	等　价　类	
1	Baseprice 汽车基本价格	vEC_{11} : iEC_{11} :	[MIN_DOUBLE, ⋯, MAX_DOUBLE] NaN
2	Specialprice 特殊价格	vEC_{21} : iEC_{21} :	[MIN_DOUBLE, ⋯, MAX_DOUBLE] NaN
3	Extraprice 附加设备价格	vEC_{31} : iEC_{31} :	[MIN_DOUBLE, ⋯, MAX_DOUBLE] NaN
4	Extras 附加设备数量	vEC_{41} : iEC_{41} :	[MIN_INT, ⋯, MAX_INT] NaN
5	Discount 经销商折扣	vEC_{51} : iEC_{51} :	[MIN_DOUBLE, ⋯, MAX_DOUBLE] NaN

为了进一步地细分这些等价类,需要参考函数的功能性方面的信息,这些信息可以从函数的说明中获取。从说明中可以得到以下和测试相关的结论。

(1) 参数 1~3 是汽车价格。价格不能是负数,但在说明中没有对价格进行任何的限制。

(2) 附加设备的折扣计算取决于附加设备的数量 Extras 的值(如果 Extras≥3 则折扣率为 10%,如果 Extras≥5 则折扣率为 15%)。参数 4 Extras 定义了选择的附加设备的数量,因此是整数,不能是负数,但说明中没有规定数量的上限。

(3) 参数 5 Discount 代表的是经销商折扣,以 0~100 的百分比来表示。因为说明中以百分比的方式定义了为附加设备的折扣,所以测试人员可以假设参数 Discount 的输入方式应该也是百分比的方式。通过和客户进行沟通可以更清楚地了解这个问题。

该功能的说明不仅是测试分析和设计的基础,还可以通过对它进行分析发现说明中的一些漏洞。测试人员可以根据应用领域和日常的知识以及测试经验,或者通过求助于其他同事(测试人员或者开发人员)来填补这些漏洞。假如还有疑问,则可以和客户进行讨论。分析过程中可以对前面定义的等价类进一步细化。等价类划分得越细,设计的测试将越准确和完备。完成等价类划分的工作需要考虑说明中每个输入参数的所有条件,同时也需要结合测试人员的理论知识和实践经验。

针对上述例子,总共可以生成 18 个等价类,其中 7 个为有效等价类,11 个为无效等价类。为了获得测试的输入数据,必须在每个等价类内选择一个代表值。根据等价类划分理论,可以选择等价类中的任何一个值作为代表值。在现实中,很难进行完美的等价类细分。由于缺少详细信息、时间不足、参数之间有复杂的逻辑关系,细分到一定程度后就会停止进一步的细分,而有些等价类甚至会有一些重叠。因此,在选择代表值时必须考虑在一个等价类内测试对象可能会有不同处理的那些值,或最频繁出现的那些值。等价类和代表值如表 4-6 所示。

表 4-6 等价类和代表值

参 数	等 价 类		代 表 值
Baseprice 汽车基本价格	vEC11:	[0, ⋯, MAX_DOUBLE]	20000.00
	iEC11:	[MIN_DOUBLE, ⋯, 0)	−1.00
	iEC12:	NaN	"abc"
Specialprice 特殊价格	vEC21:	[0, ⋯, MAX_DOUBLE]	3450.00
	iEC21:	[MIN_DOUBLE, ⋯, 0)	−1.00
	iEC22:	NaN	"abc"
Extraprice 附加设备价格	vEC31:	[0, ⋯, MAX_DOUBLE]	6000.00
	iEC31:	[MIN_DOUBLE, ⋯, 0)	−1.00
	iEC32:	NaN	"abc"

续表

参　　数	等　价　类	代　表　值
Extras 附加设备数量	vEC41：[0, …, 2] vEC42：[3, 4] vEC43：[5, …, MAX_INT] iEC41：[MIN_INT, …, 0) iEC42：NaN	1 3 20 −1.00 "abc"
Discount 经销商折扣	vEC51：[0, …, 100] iEC51：[MIN_DOUBLE, …, 0) iEC52：(100, …, MAX_DOUBLE] iEC53：NaN	10.00 −1.00 101.00 "abc"

因此，在这个例子中，在有效等价类内选择了实际使用中最具有说服力的代表值，以及能覆盖在应用过程中可能会频繁出现的场景的代表值。对于无效等价类，选择了一些比较简单的代表值作为测试对象的输入。

下一步是将代表值组合到测试用例。根据上面的规则，得到有效测试用例数 $1×1×1×3×1=3$（通过组合有效等价类的代表值），以及无效测试用例 $2+2+2+2+3=11$（为每个无效等价类的代表值进行测试）。从 18 个等价类中总共得到 14 个测试用例（如表 4-7 所示）。

表 4-7　函数 calculate_price( ) 的测试用例

Test case	参　　数					Result
	Baseprice	Specialprice	Extraprice	Extras	Discount	
1	20 000.00	3450.00	6000.00	1	10.00	27450.00
2	20 000.00	3450.00	6000.00	3	10.00	26850.00
3	20 000.00	3450.00	6000.00	20	10.00	26550.00
4	−1.00	3450.00	6000.00	1	10.00	NOT_VALID
5	"abc"	3450.00	6000.00	1	10.00	NOT_VALID
6	20 000.00	−1.00	6000.00	1	10.00	NOT_VALID
7	20 000.00	"abc"	6000.00	1	10.00	NOT_VALID
8	20 000.00	3450.00	−1.00	1	10.00	NOT_VALID
9	20 000.00	3450.00	"abc"	1	10.00	NOT_VALID
10	20 000.00	3450.00	6000.00	−1.00	10.00	NOT_VALID
11	20 000.00	3450.00	6000.00	"abc"	10.00	NOT_VALID
12	20 000.00	3450.00	6000.00	1	−1.00	NOT_VALID
13	20 000.00	3450.00	6000.00	1	101.00	NOT_VALID
14	20 000.00	3450.00	6000.00	1	"abc"	NOT_VALID

对有效等价类，保证只有一个参数发生变化，其他参数使用相同的代表值，从而来验证测试对象对输入值的反应。因为 5 个参数中的 4 个参数都只有一个有效等价类，因此得到的测试用例不多，不需要再减少测试用例的数目。

在选择了测试输入以后,需要确定每个测试用例的期望输出。对逆向测试用例,选择期望结果比较简单,期望结果是测试对象输出相应的错误代码(例如"404 错误")或者测试对象输出的相应的错误信息(例如"数据无效!")。但对于有效测试,期望的输出必须经过分析计算才能得到。

3. 等价类覆盖率计算

等价类覆盖率可以定义为已经覆盖(使用)的等价类数目与总等价类数目之比:

等价类覆盖率=(已覆盖等价类数目/总等价类数目)×100%。

假设定义了 18 个等价类,但设计的测试用例中只覆盖了其中的 15 个等价类,则等价类覆盖率为(15/18)×100% = 83.33%。

在虚拟汽车销售助理统的例子中,14 个测试用例已经覆盖了所有 18 个等价类,在测试用例中每个等价类至少包含了一个代表值。因此,执行 14 个测试用例可以保证达到 100% 的等价类覆盖率。假如后面 3 个测试用例由于时间的限制没有执行,即 14 个测试用例中只执行了 11 个测试用例,参数 Discount 的所有 3 个无效等价类都没有被覆盖到,得到的等价类覆盖率将是(15/18)×100% = 83.33%。也就是说,尽管在测试用例设计过程中,设计的测试用例达到了 100% 的等价类覆盖率,但是在执行过程中,由于 3 个测试用例没有被执行,所以执行并没有达到 100% 的等价类覆盖率。

测试对象要求测试得越彻底,需要达到的覆盖率就会越高。在测试执行之前,可以事先定义覆盖率作为决定测试活动是否充分的一个标准。而在测试执行之后,它又作为判断测试强度是否达到要求的一个指标。

在上面的例子中,假如要求的等价类覆盖率定义为 80%,则只要覆盖 18 个等价类中的 14 个就可以达到这个要求,即通过执行能至少覆盖 14 个等价类的测试用例。测试覆盖率是完成测试的一个可测量的准则。

前面的例子也表明了标识等价类的重要性。假如没有细分和标识所有的等价类,选择用于设计测试用例的输入数据就会减少,得到的测试用例数量也将相应地减少。这种情况下,可以得到较高的测试覆盖率,但这是基于错误的等价类数量的基础上计算出来的,所宣称的优秀的测试结果并不能反映实际的测试强度。只有充分地分析需求和认真地构建了等价类,利用等价类划分技术生成的测试用例才是优秀的。

4. 等价类划分优缺点分析

在有明确的条件和限制的情况下,利用等价类划分技术可以帮助测试人员在有限的时间内选择合适的测试数据和组合,以减少冗余的测试用例。冗余的测试用例通常是使用了同一个等价类内的不同代表值。

不仅可以使用输入或输出来划分等价类,也可以用被测对象的内部值、状态、时间相关的值等划分等价类,例如某个事件之前或之后的值,以及接口参数等。等价类划分技术可以用在所有组件测试、集成测试、系统测试和验收测试级别中。

假如只单独考虑输入或输出数据,可能会忽略这些数据之间的相互关系以及相互作用。假如把它们之间的关系都考虑在内,则测试代价又会非常高,不过测试人员可以通过进一步的等价类划分,通过组合来描述其中的测试用例,有时也称为范围分析,和缺陷导向技术相结合,例如边界值分析。当然也可以采用其他的黑盒测试设计技术,如决策表技术等。

4.3.2 边界值分析

1. 边界值分析技术介绍

边界值分析指的是通过分析输入或输出的边界值并取值进行测试用例设计的一种黑盒测试技术。在软件开发过程中大量的错误是发生在输入或输出范围的边界上,而不是发生在输入输出范围的内部,例如开发过程中没有明确定义边界值,或者编程人员在边界值上存在的误解。因此针对各种边界情况设计测试用例,可以测试出更多的错误。

通常边界值分析是作为对等价类划分的补充,这种情况下,其测试用例来自等价类的边界。边界值分析可以应用于所有的测试级别。这种方法相对简单,发现缺陷的能力也比较强,详细的说明对边界值分析很有帮助。

边界值分析通常分析边界值和两个边界邻近的值(等价类里面的值和等价类外面的值),在此要以最小步长在边界值的两个不同方向上取值,对于浮点数,可以把定义的误差值作为最小步长。因此对于每个边界值,可以得到 3 个测试数据。如果等价类的上限的边界值等于邻近等价类的下限边界值,则各等价类只需要考虑各自等价类里面的测试数据。

然而在很多情况下,边界值刚好属于另一个等价类,因此不存在实际的边界值。在这种情况下,测试时也可以只选择两个边界值:一个在等价类内部,另一个在等价类外部。

对于圣诞节发放奖金这个例子,有 4 个等价类。等价类 3 和 4 分别描述为 vEC3: $5 < x <= 8$ 和 vEC4: $x > 8$。为了测试两个等价类的边界值,可以选择数值 8 和 9。其中数值 8 属于 vEC3,并且属于该等价类的最大可能值,而数值 9 是等价类 vEC4 的最小可能的值。选择数值 7 和 10 没有更大的意义,因为它们属于相应等价类且为更进一步远离边界的内部数值。

那么,什么情况下只需选择 8 和 9 进行测试呢?在什么时候还需要选择数值 7 进行额外的测试呢?

这时,检查测试对象的具体实现可能会有所帮助。程序可能会包含控制语句 if(x>8)。但是如果这个控制语句写错了,那么需要用什么样的测试用例来发现这个问题呢?如表 4-8 所示。测试数值 7、8 和 9 在 if 判断语句中分别产生了 FALSE、FALSE 和 TRUE 的结果,同时执行了程序的相应部分。执行测试数据 7 看起来并没有什么额外的价值,因为测试数据 8 已经可以得到正确的输出 FALSE。假如语句错误地写成 if($x >= 8$),

输入数据 7、8 和 9 将分别得到输出 FALSE、TRUE 和 TRUE。但即使是这样,测试数据 7 仍然没有得到不同的结果,因此可以忽略 7 这个输入数据。只有当语句错误地写成 if (x <> 8),数据 7、8、9 作为测试用例的输入时,才能得到输出 TRUE、FALSE 和 TRUE。这里只有使用测试数据 7 的测试用例才能发现这个缺陷,而数值 8 和 9 得到的结果都与期望结果相一致,或者说得到的结果和正确语句 if (x > 8) 执行时产生的结果一样。

表 4-8 控制语句($x > 8$)的边界分析

序号	表 达 式	$x=7$	$x=8$	$x=9$
1	if (x>8)	FALSE	FALSE	TRUE
2	if (x≥8)	FALSE	TRUE	TRUE
3	if (x<>8)	TRUE	FALSE	TRUE
4	if (x<8)	TRUE	FALSE	FALSE
5	if (x<=8)	TRUE	TRUE	FALSE

提示:用参数 x 为 7、8 和 9 执行了错误语句 if (x < 8),得到的结果是 TRUE、FALSE 和 FALSE,而错误语句 if (x <= 8) 得到的结果是 TRUE、TRUE 和 FALSE,得到的实际结果和期望结果是不同的,因此执行输入数据为 8 和 9 的测试用例就可以发现两者之间的不同。

由于 vEC3 和 vEC4 是相邻的两个等价类,因此当输入数据为 7 和 8 时属于 vEC3 等价类(75%的月薪作为奖金),当输入数据为 9 时属于 vEC4 等价类(100%的月薪作为奖金)。假如开发人员在实现判定语句时产生逻辑错误,将会导致错误的结果。

需要考虑的是,在什么情况下仅需要两个输入数据进行测试(上例中的 8 和 9),在什么情况下需要三个边界值进行测试(上例中的 7、8 和 9)? 在上面的例子中,错误的语句 if(x<>8) 应该可以在代码评审的时候发现,因为它并没有检查数据值的边界 if(x>8),而是检查两个数据是否相等,然而,这个缺陷很容易被忽视。只有用三个值对边界值进行测试,才能发现可能的边界条件的错误实现。

对于上面表 4-4 中测试整型输入数据的例子,如果考虑其边界值,总共可以得到 12 个测试用例,它们的输入值是:

```
{"f",
MIN_INT-1,MIN_INT,MIN_INT+1,
-123,
-1,0,1,
654,
MAX_INT-1,MAX_INT,MAX_INT+1}
```

输入值是−1 的测试用例用来测试等价类 EC1:[MIN_INT,…0)的最大值,这个测试用例同时验证了等价类 EC2:[0,…MAX_INT]下限边界值 0 的最小步长的数值。这个数值处于这个等价类之外。有些情况下比上限边界值大的值和下限边界值小的值是无法作为输入的,例如,只能在下拉选择框内选择数据时。

在这个例子中,只给出了输入变量的测试值。为了完成这 12 个值作为测试输入的测试用例,必须通过测试准则来描述测试对象的期望行为和期望输出,另外需要给出适用的前置条件和后置条件。

同样,还需要确定测试的成本是否合理,以及是否每个邻近等价类的边界值都需要额外的测试用例,丢弃那些包含在等价类内的输入值却不能验证任何边界值的测试用例。例子中输入值为 −123 和 654 的测试用例就可以丢弃。这是基于这样的假设:包含在等价类之内的数据作为测试用例的输入进行测试,并不会发现什么新的问题。因为在一些测试用例中,已经选择了等价类范围之内的最大值和最小值作为测试输入了。在本例中这些值是 MIN_INT + 1、1 和 MAX_INT−1。

但是在上面提到的旅行者的例子中,就不能找到输入域的边界值。旅行者的例子中输入数据类型是不连续的,即 6 个元素组(儿童,青少年,成年人,学生,残疾人和退休人员),通过年龄也无法清楚地定义顺序,例如残疾人可以是任何年龄段的人。

当然,边界值分析技术也可以应用在输出等价类。

2.测试用例

类似使用等价类划分技术设计测试用例,等价类范围内的有效边界值(在边界内)也需要在测试用例中进行组合。而无效边界值(在边界外)需要分开进行验证,而不能和其他的无效边界值进行组合测试。

理论上,假如在测试用例中已经应用到了等价类内的两个边界值(例如,$8 < x \leqslant 70$,x 为整型数,则表示 9、10 或 69、70),则处于此等价类内部的那些值就没有必要再用于测试用例的设计。

表 4-9 列出了用于验证函数 caculate_price( ) 有效等价类的边界值。

表 4-9 函数 caculate_price( ) 参数边界值

参数	小于下限的值	[等价类]	大于上限的值
Baseprice	$0-\delta$[①],	$[0, 0+\delta, \cdots, MAX\_DOUBLE-\delta, MAX\_DOUBLE]$,	$MAX\_DOUBLE+\delta$
Specialprice	同上		
Extraprice	同上		
Extras	−1, 2, 4,	$[0,1,2]$, $[3,4]$, $[5,6,\cdots,MAX\_INT-1,MAX\_INT]$,	3 5 MAX_INT+1
Discount	$0-\delta$,	$[0, 0+\delta, \cdots, 100-\delta, 100]$,	$100+\delta$

只考虑有效等价类范围内的边界值,可以得到 4+4+4+9+4 = 25 个边界值。其中,两个值(Extras:1,3)已经在以前的等价类划分技术测试用例中覆盖到了(测试用例 1 和用例 2)。因此,下面的 23 个代表值都可以作为候选(假设精度为小数点后 2 位),用来

---

① 考虑的精确度依赖于问题本身(例如给定的误差)以及计算机的数制(8 位、16 位、32 位、64 位)。

设计新的测试用例。

　　Baseprice：0.00,0.01,MAX_DOUBLE−0.01,MAX_DOUBLE；

　　Specialprice：0.00,0.01,MAX_DOUBLE−0.01,MAX_DOUBLE；

　　Extraprice：0.00,0.01,MAX_DOUBLE−0.01,MAX_DOUBLE；

　　Extras：0,2,4,5,6,MAX_INT−1,MAX_INT；

　　Discount：0.00,0.01,99.99,100.00。

所有的这些值都是有效的边界值，它们可以通过组合来生成测试用例（如表 4-10 所示）。

表 4-10　函数 caculate_price() 增加的测试用例

Test case	参　　数					
	Baseprice	Specialprice	Extraprice	Extras	Discount	Result
15	0.00	0.00	0.00	0	0.00	0.00
16	0.01	0.01	0.01	2	0.01	0.03
17	MAX_DOUBLE −0.01	MAX_DOUBLE −0.01	MAX_DOUBLE −0.01	4	99.99	>MAX_DOUBLE
18	MAX_DOUBLE −0.01	3450.00	6000.00	1	10.00	>MAX_DOUBLE
19	20 000.00	MAX_DOUBLE −0.01	6000.00	1	10.00	>MAX_DOUBLE
20	20 000.00	3450.00	MAX_DOUBLE −0.01	1	10.00	>MAX_DOUBLE
...						

　　从说明中确定边界值测试的期望结果并不总是一件容易的事情。因此，需要经验丰富的测试人员定义合理的期望结果。

　　(1) 测试用例 15 验证了函数 caculate_price() 所有参数的等价类的下限边界值。这个测试用例看起来好像不是很现实。因为功能说明描述的不精确，没有描述下限和上限边界值。

　　(2) 测试用例 16 类似于测试用例 15，但这里测试了函数计算的精确性。

　　(3) 测试用例 17 集成了表 4-9 提供的下一个边界值。推测的测试期望结果是折扣 99.99%。根据函数 caculate_price() 的说明，其中的价格还要进行累加。这样，需要单独检查最大值。测试用例 18～测试用例 20 做的也是同样的工作。对其他的参数，使用了测试用例 1 中的数据（表 4-7 所示）。假如其他参数的数值设为 0.00，可以得到更为合理的结果，用来判断最大值是否正确地得到处理并且没有溢出。

　　(4) 测试用例 17～20，对测试输出结果大于 MAX_DOUBLE 的情况进行了测试。

　　(5) 对于还没有测试到的边界值（Extras = 5,6,MAX_INT−1,MAX_INT 和 Discount = 100.00），需要更多的测试用例来覆盖。

这里没有涉及有效等价类范围之外的边界值。

这个例子说明了说明描述不准确或遗漏会直接影响测试用例的设计。假如测试人员在确定测试用例之前和客户进行有效沟通，或者说明中对参数的取值范围描述更为精确，这样将会提高测试的质量。这里用一个简单的例子来进行说明。

客户给出了下面的一些信息：

(1) 基本价在 \$10000～\$150000。

(2) 特殊设备的价格为 \$800～\$3500。

(3) 最多可有 25 个可能的附加设备 Extras，它们的价格在 \$50～\$750。

(4) 经销商给出的最大折扣为 25%。

划分了等价类之后，可以得到如下的有效边界值（精度为保留小数点后 2 位）。

Baseprice：10000.00，10000.01，149999.99，150000.00；

Specialprice：800.00，800.01，3499.99，3500.00；

Extraprice：50.00，50.01，18749.99，18750.00；

Extras：0，1，2，3，4，5，6，24，25；

Discount：0.00，0.01，24.99，25.00。

所有这些边界值都可以自由地组合到测试用例中。对于在有效等价类之外的值，还需要有测试用例与之相对应，下面的数据用于这些测试用例。

Baseprice：9999.99，150000.01；

Specialprice：799.99，3500.01；

Extraprice：49.99，18750.01；

Extras：−1，26；

Discount：−0.01，25.01。

因此，更加明确地说明可以降低测试用例的个数，同时可以更方便地确定期望的结果。

增加一些"硬件设备的边界值"(MAX_DOUBLE，MIN_DOUBLE 等)是一个不错的方法，它可以发现一些由于硬件限制而产生的问题。

就像上面的讨论，测试人员必须考虑通过两个测试数据来测试边界值(有些资料称为二元边界值)是否已经充分，是否还需要测试第三个数据(有些资料称为三元边界值)。在下面的描述中，假设测试两个数据就足够了，因为已经通过了代码评审，并且发现了所有可能的错误。

(1) 对于一个输入域，必须考虑边界值和处于输入域之外的邻近值。例如输入域为 [−1.0，+1.0]，测试数据为 −1.0、+1.0 和 −1.1、+1.1。

(2) 若测试的输入是一组序列范围，输入数据的个数又是已知的，则可以根据下面的方法考虑边界值。例如一个文件的数据个数在 1～100，测试数据(数据个数)应该是 1、100 和 0、101。

(3) 若分析的对象是输出域，可以按照下面的规则进行分析。测试对象的输出是整型值,范围为 500~1000。得到的测试输出应该是 500、1000、499 和 1001。实际上,需要花费一定的工作量来标识得到相应输出的每个输入值。产生无效的输出有时可能是不现实的,但也许能发现一些与输入值相关的缺陷。

(4) 若测试的输出是一组序列范围,则处理的方式和处理测试输入值是一组序列范围的情况是一样的。例如输出值允许的范围是 1~4,测试需要产生的输出值是 1、4 以及 0 和 5。对于一组有序的组合,测试特别感兴趣的元素是第一个和最后一个。

(5) 若是复杂的数据结构作为输入或输出,例如,一个空的列表或 0 矩阵可以作为边界值。

(6) 对于无效等价类,只有当无效等价类内的值可以触发测试对象一个不同的异常处理时,进行边界值的分析才是有意义的。

(7) 应该选择非常庞大的数据结构、列表和表格等作为边界值分析的数据,例如那些能使内存溢出、文件和数据存储到达饱和的边界,来检查测试对象在这种情形下的表现行为。

(8) 对于列表和表格,空的列表和满的列表以及列表的第一个元素和最后一个元素都是应该分析的对象,因为测试它们常常可以发现由于错误的编程而导致的失效。

3. 边界值覆盖率计算

类似于等价类覆盖率,边界值(BV)的覆盖率也可以预先定义,并在设计测试用例以及执行测试时对覆盖率进行计算。

$$边界值覆盖率=(已覆盖的边界值数目/总的边界值数目)\times 100\%$$

注意:边界值的数目,必须考虑边界值上限的邻近数值和下限的邻近数值的数目。当然,具体的数目只包含数值不相等的输入值。对于邻近等价类的重叠的数据只能作为一个边界值,因为对于每个测试数据,都只有一个测试用例与之相对应。

4. 边界值分析技术的优缺点分析

边界值分析应该和等价类划分一起使用,因为在等价类边界值上发现问题的概率比在等价类内部发现问题的概率高得多,边界值分析技术往往作为等价类划分技术的有效补充。这两种技术经常相互结合使用,同时在选择具体的测试数据时可以保持足够的独立性。

利用边界值分析技术来定义相应的测试用例需要很多的创造性,这点经常会被忽略。这个技术看起来似乎很简单,而实际使用时需要确定相关的边界值,而这根本不是想象中的那么简单和轻松。

4.3.3 决策表测试

1. 决策表和因果图介绍

等价类划分和边界值分析是非常有用的黑盒测试技术,在设计测试用例过程中借助于这两种技术能有效选择测试数据,大大提高测试的效率。但在很多情况下,不仅要考虑测试的输入数据,还要对系统的业务逻辑进行测试验证,而这些业务逻辑往往又是比较复杂的。另外,当系统的输入参数不独立,参数间有复杂的逻辑关系时,使用等价类划分和边界值分析就会变得比较困难。在这些情况下,可以考虑利用决策表或因果图技术来设计测试用例。

决策表或因果图是通过分析说明,识别出系统可能的条件和行为,并最终设计测试用例的技术。如果使用表格的形式表达这些条件的各种组合关系,和在每一种特定的条件组合下应该发生的行为,则称为决策表技术。如果使用的是布尔图(因果图)来描述这些关系,则称为因果图技术。决策表和因果图之间可以相互进行转换,测试人员可以根据习惯或掌握的程度选择使用决策表或因果图。

决策表由 4 个部分组成,分别是条件桩(Condition Stub)、动作桩(Action Stub)、条件项(Condition Entry)组合和动作项(Action Entry)组合,具体格式如表 4-11 所示。[①]决策表的 4 个组成部分的含义如下。

(1) 条件桩:列出了测试对象的所有条件。一般情况下,列出的条件的次序不会影响测试对象的动作。

(2) 动作桩:列出了测试对象所有可能执行的操作。一般情况下,这些执行的操作没有先后顺序的约束。

(3) 条件项组合:列出针对特定条件的取值的组合,即条件的真假值。每一列条件值的组合形成一个规则。

(4) 动作项组合:列出在不同条件项的各种取值组合情况下(规则),测试对象应该执行的动作的组合。

表 4-11　决策表格式示例

		规则 1	规则 2	……	规则 p
条件桩	条件 1				
	条件 2				
	⋮				
	条件 m				
动作桩	动作 1				
	动作 2				
	⋮				
	动作 n				

其中条件桩中的条件 1、条件 2 和条件 m,表示测试对象的各种输入条件。动作桩中的动作 1、动作 2 和动作 n,表示测试对象根据不同输入条件的组合需要执行的操作;规则 1、规则 2 到规则 p 中的每一个规则定义了在一组条件(条件 1,条件 2 和条件 m)的组

[①] UDO W. POOCH,Translation of Decision Tables,Computing Surveys,Vol. 6,No. 2,June 1974.

合,只有同时满足了一组条件所定义的组合,才能说满足了某个规则;当满足了某个规则后,则测试对象执行与此规则所对应的动作序列,即动作 1,动作 2 和动作 n 的组合。如有 m 个条件,则最多有 $P = 2^m$ 条规则。需要注意的是:通常来说,测试对象执行的操作,和条件的顺序没有关系,而仅仅依赖于它们的取值。同样,测试对象执行的操作仅仅依赖于特定的条件组合,而与其他测试输入或者测试对象状态无关。

决策表的测试覆盖标准通常是每条规则至少对应一个测试用例,用于覆盖触发条件的组合。决策表测试的优点是可以生成测试需求的各种组合,而一般测试方法很难全部覆盖到各种组合。

下面通过在 ATM 机中取钱的例子来描述如何设计决策表。通过阅读说明得知:如果使用的银行卡是无效的,则 ATM 机拒绝此卡,不提供任何服务。如果使用的银行卡有效,ATM 机会要求客户输入密码,如果客户输入了错误密码,并且客户还没有达到连续三次输入错误密码,则 ATM 会要求客户再次输入密码。但是如果客户已经连续三次输入错误密码,则 ATM 机将会吞食此卡(不退卡)。如果使用的银行卡有效,客户也输入了正确密码,ATM 机要求客户输入所想要取款的金额,如果客户输入的金额大于 ATM 机内当前所拥有的金额,或客户输入的金额大于此客户银行账户上所存的金额,则 ATM 机会显示提示信息,告知客户输入的金额无效,要求客户重新输入金额。只有当客户输入的金额少于或等于 ATM 机内当前所拥有的金额,并且也少于或等于此客户银行账户上所存的金额,则输入的金额有效,ATM 机如数输出金额。

分析上述描述,可能的条件包括如下几个。

C1:银行卡有效?

C2:正确输入了 PIN?

C3:已经是第三次输入 PIN?

C4:金额有效?(ATM 机中有足够的钱,并且此账号中也存有足够的钱)

AMT 机可能的反应(动作)包括如下几种。

A1:拒绝此卡。

A2:请求再一次输入 PIN。

A3:吞卡。

A4:要求重新输入金额。

A5:ATM 机输出要求的现金。

生成的决策表如表 4-12 所示。

表 4-12 ATM 取款的初始决策表

规则		1	2	3	4	5	6	7	8	9	10	11	12	13	14	15	16
条件桩	C1	Y	Y	Y	Y	Y	Y	Y	Y	N	N	N	N	N	N	N	N
	C2	Y	Y	Y	Y	N	N	N	N	Y	Y	Y	Y	N	N	N	N
	C3	Y	Y	N	N	Y	Y	N	N	Y	Y	N	N	Y	Y	N	N
	C4	Y	N	Y	N	Y	N	Y	N	Y	N	Y	N	Y	N	Y	N

续表

规则		1	2	3	4	5	6	7	8	9	10	11	12	13	14	15	16
动作桩	A1									Y	Y	Y	Y	Y	Y	Y	Y
	A2							Y	Y								
	A3					Y	Y										
	A4		Y		Y												
	A5	Y		Y													

检查初始决策表(如表4-12所示)可以发现有的动作对应一个规则,而有的动作有多个规则可以对应。因此,需要对初始的决策表进行优化,将具有相同的动作并且条件项之间存在相似关系的规则进行合并,相关条件项置为"不关心",用—表示。例如,观察规则9规则16,当条件C1为假的时候,无论条件C2、C3和C4取什么值,对应的动作都是A1,这就意味着规则9~规则16可以合并成一条新的规则(如表4-13中的新规则5)。同样,可以合并表4-12中的规则1与3到表4-13内的新规则1,合并表4-12中的规则2与4到表4-13内的新规则2,合并表4-12中的规则5与6到表4-13内的新规则3,合并表4-12中的规则7与8到表4-13内的新规则4。在考虑合并过程中,不仅要考虑条件的组合,还要考虑动作的一致性。对初始决策表(如表4-12所示)中不相干或者冗余的条件组合进行优化,得到优化之后的决策表,如表4-13所示。

表4-13 ATM取款的优化决策表

	新 规 则	1	2	3	4	5
条件桩	C1:银行卡有效?	Y	Y	Y	Y	N
	C2:正确地输入密码?	Y	Y	N	N	—
	C3:三次不正确的密码?	—	—	Y	N	—
	C4:银行卡账号中有钱?	Y	N	—	—	—
动作桩	A1:拒绝银行卡					Y
	A2:要求新的密码输入				Y	
	A3:吞卡			Y		
	A4:询问新的金额		Y			
	A5:ATM出币	Y				

基于决策表技术设计测试用例的目的是执行让人感兴趣的输入组合,主要是指可能发现问题的输入组合。除了原因和结果外,决策表中也可能包含中间结果。至少考虑为每一列的规则设计一个测试用例,条件作为测试用例的输入,动作则是测试用例的预期输出。然而,决策表中的条件可能存在相互影响或者相互排斥,因此并不是所有的组合都是有效的。决策表中的条件/原因和动作/结果,通常以"是/Y"和"否/N"的方式出现。

在ATM的例子中有4个条件(从"银行卡是有效的"到"金额有效(ATM机中有足够的钱,并且账户中也有足够的钱)"),理论上可以有16(2^4)种可能的组合。但是,由于决策表中有些条件的取值,会影响其他条件,例如若银行卡是无效的,那么判断其他条件就不再有意义。另外,在优化的决策表内已经删除一些无法实现或不符合逻辑的条件组合。所以，优化得到的决策表并不一定是所有条件的完全组合。

基于优化之后的决策表，可以为每列设计一个测试用例，并确定所需的输入条件和期望的行为。例如，测试用例1(规则1)覆盖了下面的条件组合：在银行卡是有效的，并且输入的 PIN 是正确的以及 ATM 机和银行卡中都有足够的钱的情况下，得到的期望结果应该是 ATM 可以输出现金。

除了通过表格的方式表示条件、行为，以及它们的组合之外，也可以通过布尔图(因果图)来描述这种关系，这就是因果图法。被测对象中的原因(条件)和结果(行为)之间的逻辑关系在因果图中用逻辑描述方法清楚表达了出来。因果图中的结果(或中间结果)是由原因间的逻辑运算，例如恒等、与、或、非等组合而成的。因果图中的原因取值是真或者假，类似于决策表进行处理，得到不同的结果。

图 4-1 以因果图的方式，描述了 ATM 机中取钱的例子。

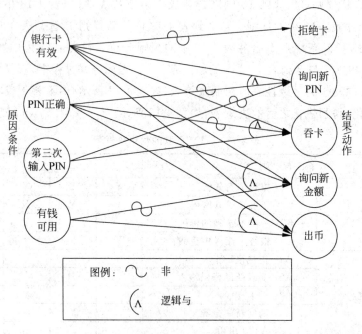

图 4-1　ATM 因果图

因果图清楚地描述了为得到相应的结果(果)，需要组合什么样的条件(因)。除了原因和结果外，因果图中也可能包含中间结果。一般很难直接从因果图导出测试用例，常用的方法是首先将因果图转换成决策表，再从决策表得到相应的测试用例。将因果图转换为决策表的步骤如下。

(1) 选择结果。

(2) 根据因果图，查找能够得到这个结果的原因组合，以及不产生这种结果的原因组合。

(3) 在决策表中为每一个原因的组合，以及引起这个结果的状态添加一列。

(4) 检查决策表条目是否出现冗余，并删除冗余的条目。

将 ATM 因果图转换成的决策表如表 4-13 所示。

2. 测试用例

通过决策表可以清楚地看到输入条件之间的相互关系,以及由这些输入条件组合得到的相应的输出。针对决策表的每一列至少可以设计一个测试用例。通过决策表的规则得到的是逻辑测试用例。为了执行这些测试用例,还必须确定具体的数据,以及标识前置条件和后置条件。因此,在决策表测试中还应该结合其他的黑盒测试技术,如等价类划分技术和边界值分析技术,以帮助选择输入条件的具体数据。

3. 决策表或因果图技术的覆盖率计算

和前面介绍的方法一样,可以清晰地定义决策表的覆盖率。最基本的要求是每一个规则至少用一个测试用例来覆盖,这样就验证了所有关心的输入条件组合和相应的输出结果。

$$决策表覆盖率 = (已覆盖的规则数 / 总的规则数) \times 100\%$$

4. 决策表技术优缺点分析

决策表技术将各种输入条件的组合,以及它们的行为生成决策表,是一种系统化而且非常正式的方法,它可以覆盖一些在其他测试设计技术中没有包含的输入组合。

但是,随着被测对象条件数目的增加,得到的决策表和因果图的规模会急剧变大,不仅失去可读性,并且变得难以处理。

4.3.4 状态转换测试

状态转换图(简称状态图)通过描绘系统的"状态"及引起系统"状态转换"的"事件",来表示系统的行为。此外状态转换图还指明了作为特定事件的结果,系统将做哪些"动作"(例如处理数据)。因此状态转换图提供了行为建模机制。

在状态转换图中,每一个节点代表一个状态,至少有一个开始状态。其中双圈是终结状态,在状态转换图中终结状态不是必需的。从一个状态到另一状态(也可以是同一状态)的状态转换是用连接此状态的有向边来表示的,在有向边上同时标记引起此状态转换的事件,以及由此事件引发状态转换后的动作。标记如"事件/动作",在标记中事件是必需的,但动作可有可无。

状态转换测试指的是所设计的测试用例用来执行有效和无效的状态转换的一种黑盒测试设计技术。在很多情况下,测试对象的输出和行为方式不仅受当前输入数据的影响,同时还和测试对象之前的状态有关。状态转换图是进行相关状态转换测试设计的基础。

如图 4-2 所示是一个典型的堆栈例子,通过这个例子可以详细说明状态转换测试的过程。堆栈可以假设是餐盘的加热器,只能从餐盘加热器顶端的出入口放入餐盘或取出餐盘,最先放入的餐盘总是最后被取出。堆栈有三种不同的状态:空(empty),非空(filled)和满(full)。

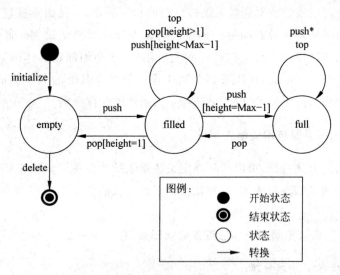

图 4-2　堆栈的状态转换图

堆栈初始化以后处于"空"状态,此时的高度等于 0,并且定义了堆栈的最大高度 Max。堆栈中加入一个元素(通过调用函数 push),堆栈的状态转换为"非空",同时当前的高度相应增加 1。堆栈处于这个状态时,元素可以继续增加(调用函数 push,高度也继续增加),也可以移除堆栈中的元素(调用函数 pop,高度的值减少 1)。可以显示当前堆栈内最上面的元素内容(调用函数 top,高度值不变),这里的显示(调用函数 top)并没有改变和影响堆栈本身,没有从堆栈内移除元素。假如当前的高度值比允许的最大值小 1 (高度值= Max−1),这时堆栈中再加入一个元素(调用函数 push),堆栈的状态将从"非空"转换到"满"状态,堆栈中不能再加入任何新的元素。在堆栈状态为"满"时,从堆栈中移除一个元素(调用函数 pop),堆栈的状态将从"满"转换到"非空"。当堆栈中只有一个元素,这个唯一的元素被移除以后(调用函数 pop),堆栈的状态将从"非空"转换到"空"。堆栈只有在"空"状态下才能被删除(调用函数 delete)。

根据说明可以确定堆栈在什么样的状态下调用什么样的函数(push,pop,top,…),同时必须明确当一个元素加入到状态为"满"的堆栈中时,堆栈会怎样来处理(push∗),此时函数的功能肯定和处于"非空"状态时不一样。因此,函数必须根据堆栈的状态提供不同的功能。这里,测试对象的状态起着决定性的作用,因此在测试时必须考虑相应的状态和状态转换。

例如,测试堆栈可以接受的是字符类型。下面是包含前置条件和后置条件的一个测试用例。

(1) 前置条件:堆栈已初始化,状态为"空"(empty)。

(2) 输入:push("hello")。

(3) 期望结果：堆栈中包含了"hello"。

(4) 后置条件：堆栈的状态变为"非空"(filled)。

在这个例子中还没有考虑堆栈的一些其他函数(例如显示堆栈当前的高度值,显示堆栈的最大高度值,查询堆栈是否处于"空"状态等),这些函数的调用并不会改变堆栈的状态。

状态转换测试中,测试对象既可以是具有不同系统状态的完整系统,也可以是面向对象的系统(Object-oriented System)中具有不同状态的类。假如由于历史的原因导致系统不同的表现,状态转换测试就是一种可以选择的潜在的测试设计技术。

状态转换测试可以根据覆盖率要求的不同,定义不同的测试强度,例如覆盖所有可能的状态。在上面提到的堆栈的例子中,被测系统的状态包括"空"、"非空"和"满"。假如该堆栈定义的最大高度为 4(Max=4),通过调用下面的函数就可以覆盖到这三个状态。

测试用例 1：初始化[空],push[非空],push[非空],push[非空],push[满]。在这个测试用例中,并没有调用到堆栈的所有函数。

另外一种测试强度要求调用所有的事件(这里是函数)。和前面谈到的堆栈一样,只要调用下面这一系列函数就可以满足这个需求。

测试用例 2：初始化[空],push[非空],top[非空],pop[空],delete。然而,按照这一函数系列执行,并没有覆盖堆栈的所有状态。

针对每个状态,状态转换测试应该将与此状态相关的函数至少都执行一遍,并比较实际结果与期望结果,以判断是否满足文档中描述的要求。

由于状态转换图中可能存在循环的回路,为了方便设计测试用例,需要将状态转换图转变为只包含特定转换顺序的状态转换树(一棵倒长的树,根在最上方),即将可能具有无限多状态序列的循环的状态转换图转化为状态转换树。一棵完整的状态转换树的终结点(没有后续子节点)称为叶节点,除叶节点外的其他节点称为内部节点,连接这些节点的是枝干,在树内不再有任何的循环。状态转换树的节点对应状态转换图内的状态,状态转换树内连接这些节点的枝干以及枝干的标注代表转换图内从一个状态到另一个状态的转换,以及触发此转换的事件(函数调用、鼠标单击等)。在将状态转换图转变成状态转换树后,再从状态转换树系统化开发出相应的测试用例,不仅能覆盖状态转换图内的所有状态,而且还考虑到了状态转换图内的所有状态转换过程。

下面是将状态转换图转化为状态转换树的规则。

(1) 状态转换树的根节点就是状态转换图的初始状态或开始状态(在状态转换图中,初始状态或开始状态是必须有的)。

(2) 找出状态转换树的终节点(暂时还没有后续子节点)并且也不是叶节点的节点,在状态转换图内找到对应此节点的状态,在状态转换树内增加在此状态通过不同触发事件引发的所有状态转换(直接转换)。在状态转换树内在此节点下加入一个枝干表示一个转换,枝干边的标识表示为引起这个转换的触发事件,在此枝干下新增的节点表示从此状态转换后所到达的(直接)后续状态。

(3) 对状态转换树的每个新增节点都做如下检查。

① 如果在状态转换树内新增节点所对应的状态转换图的状态是结束状态,则状态转换树内此新增节点标识为叶节点。

② 如果新增节点已经出现在状态树中,与该节点同级或者上一级中,且是以非叶节点状态存在的,则状态转换树中此新增节点标识为叶节点。

(4) 检查状态转换树,如果所有的终节点都已经是叶节点,则结束状态转换树,否则重复步骤(2)。

对于堆栈这个例子,从状态转换图中得到的状态转换树如图 4-3 所示。

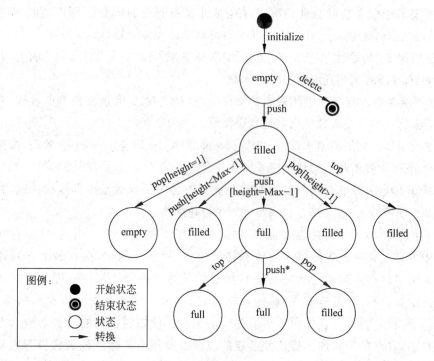

图 4-3 堆栈的状态转换树

可以从状态转换树系统化地设计出测试用例,按这种方法设计出的测试用例不仅能覆盖所有的状态,而且还考虑到了所有可能的触发事件(函数调用或鼠标单击)和状态转换。从状态转换树到测试用例的过程也比较简单,只要考虑从树的根节点到每个叶节点的每一条路径都至少设计出一个测试用例加以覆盖即可。在堆栈的例子中,从状态转换树的根节点到最后的叶节点,总共可以产生 8 条不同的路径(共有 8 个叶节点),每个路径代表了一个测试用例,即由一系列的函数调用,例如,其中的一个测试用例为:从开始状态调用函数 initialize 后,系统应该进入 empty 状态,然后再调用函数 push,系统应该进入 filled 状态,然后再调用函数 pop[height=1]函数,这时系统应该进入 empty 状态。

此外,还需要检查状态转换图中对调用错误函数的处理,即在某个状态上调用了不该调用的函数(例如在"满"状态时调用删除堆栈函数),这是一个健壮性测试,来验证测试对象对不正确的调用是如何处理的,用来测试是否会出现不应该出现的状态转换,甚至造成宕机,这种类型的测试类似于输入异常数值的测试,如图4-4所示。

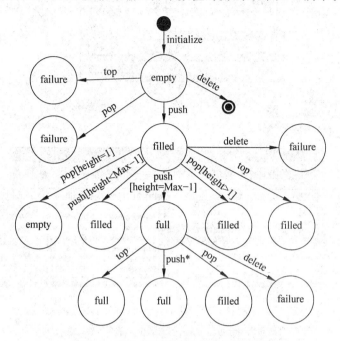

图 4-4　包含健壮性测试的状态转换树

状态转换测试可以应用于系统测试。例如,可以用来设计图形用户界面 GUI 的测试。图形用户界面通常是指采用图形方式显示的计算机操作用户界面,可以通过窗口、菜单、按钮等方式来方便地进行操作。例如 Window 系统,用户使用鼠标单击屏幕上相应的元素(图标、按钮等)就可以进入相应操作(如进入 MS Word)。假如把屏幕上的窗口和控件看成是状态,对输入的处理看成是状态转换,图形用户界面就可以描述成状态转换图。通过上面介绍的状态转换测试技术,就可以获得相应的测试用例,达到相应的测试覆盖率。

如图 4-5 所示的是 DreamCar 软件的图形界面。测试从 DreamCar 的主屏幕开始(状态1),用鼠标单击 Setup Vehicles 后触发状态转换到对话框 Edit vehicle(状态2)。再用鼠标单击 Cancel 后结束对话框并且返回到主屏幕(状态1)。在一个状态内,可以进行一些不改变状态的测试。这些状态内的测试可以用来验证进入屏幕的真正的实际功能。这样,任意复杂的对话框链接都可以通过这种模型进行导航。GUI 的状态图可以保证在测试过程中能检查到所有的对话框,更应该考虑并检查通过不同触发事件引起的各个转换。

1. 测试用例

为了完整定义基于状态的测试用例,需要考虑下面的一些信息:
(1) 测试对象的初始状态(组件或系统),初始状态是必需项。
(2) 测试对象的输入。

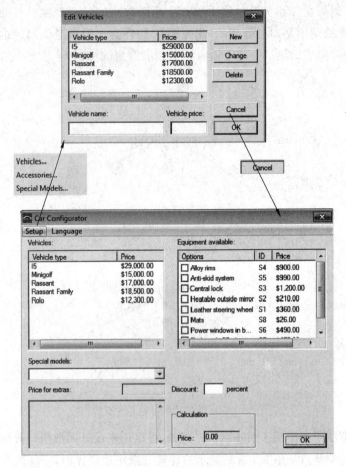

图 4-5 DreamCar 状态图

（3）期望结果或者期望行为。

另外，在测试用例中针对每个期望的状态转换需要定义以下一些内容：

（1）状态转换之前的状态。

（2）引起状态转换的触发事件。

（3）状态转换时的期望反应或输出。

（4）转换后的期望状态。

确定测试对象的状态并不是一件容易的事。通常，测试对象的状态并不是由单一变量来定义的，有时候是由一群变量的数值来定义的，而这些变量可能隐藏在测试对象中。因此，对每个测试用例的验证和评估都需要付出相当大的代价。

（1）从测试的角度评估测试对象的状态转换图。假如测试对象有很多的状态和状态转换，表明需要的测试工作量很大。此时，需要选择合适的策略，通过将测试对象分解和分层，以简化测试对象。

（2）检查说明，确保测试对象的状态容易标识，且这些状态不是由大量不同变量或变量组合所触发的。

(3) 检查说明,保证从外部可以比较容易地访问状态变量。在测试过程中如能使用设置状态/重置状态函数以及读取状态值函数等将会给测试带来很大益处。

2. 状态转换测试技术的覆盖率计算

对状态转换测试同样可以定义不同的测试强度和覆盖率,例如:
(1) 每个状态至少遍历一次。
(2) 每个状态转换至少遍历一次。
(3) 所有不符合说明的状态转换都已经检查。

与前面描述的覆盖率的计算类似,状态转换测试技术的覆盖率的百分比可以通过实际的数目与总数目的比值来表示。

对于测试强度要求高的应用程序,还需要补充一些状态转换测试用例,例如:
(1) 所有状态转换的组合。
(2) 所有状态的任意顺序的所有转换。

3. 状态转换测试技术的优点

状态转换测试技术适用于那些状态起着重要作用,并且功能也会因为状态的不同而受到影响的测试对象。前面介绍的其他类型的测试技术并不具备这个特点,它们不能覆盖函数在不同状态下有不同的行为的情况。

在面向对象的系统中,对象可以有不同的状态,选择针对对象进行操作的方法必须能根据不同的状态做出相应的反应。状态转换测试技术对于面向对象的测试非常重要,因为它考虑到了面向对象的特征。

4.3.5 用例测试

1. 用例测试介绍

用例测试指的是可以通过用例或业务场景设计测试用例的测试技术。用例描述了参与者(Actor)之间、参与者与系统之间的交互,例如被测对象针对用户输入产生特定的输出。每个用例都需要设置前置条件,这是用例成功执行的必要条件。每个用例结束后都需要确定后置条件,这是在用例执行完成后能观察到的结果和系统的最后状态。用例通常由一个主场景(基本流)和几个可供选择的分支(备选流)组成。

用例描述了系统最可能使用的过程流,因此从用例中得到的测试用例,是发现系统实际使用环境中存在缺陷的最有效的方式。用例,通常也称为场景,非常有助于设计用户或客户参与的验收测试;也可以帮助发现由于不同组件之间的相互作用和相互影响而产生的集成缺陷,这在单个的组件测试中是很难发现的。

用例或者业务场景的描述,可以用来定义相对抽象的系统需求,以及描述典型的用户和系统之间的交互。图4-6显示了通过ATM机取钱的部分用例图。

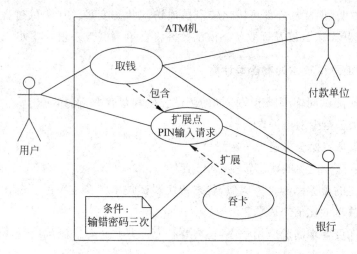

图 4-6　ATM 机用例图

这个例子中与用户相关的用例是"取钱"、"PIN 输入请求"和"吞卡",系统内的用例用椭圆来表示。用例之间的关系可以是包含,也可以是扩展。在图 4-6 中,用例"取钱"与用例"PIN 输入请求"是包含关系,用例"取钱"包含用例"PIN 输入请求",它们必须共同组合才能完成一个完整功能。而用例"PIN 输入请求"与用例"吞卡"是扩展关系,用例"吞卡"是用例"PIN 输入请求"的扩展,而扩展的用例是可选的。

用例图主要是从外部的角度描述系统,一般从用户的角度来解释系统的外部特征或者和相邻系统的关系。这种外部的联系在图中显示为和"参与者"(例如在图中的人的模型)相连的边。

每个用例必须满足一定的前置条件才能执行。在 ATM 机上取钱的前置条件是银行卡必须是有效的。执行完用例以后,需要有后置条件。例如,正确输入 PIN 之后,就可以取钱了。然而,首先需要输入取钱的数额,并且确认 ATM 机内以及银行卡里都有钱。前置条件和后置条件也适用于用例图中的控制流,即通过用例图的路径。

用例测试需要从外部的角度将被测对象模型化,用例图和用例是进行测试用例设计的基础。用例测试技术通常用来测试被测对象典型的使用场景,因此在系统测试和验收测试中都经常使用。假如用例图表示被测对象不同子系统之间的相互作用,这种技术也可以用来设计集成测试的测试用例。

2. 测试用例

每个用例都有各自的目的以及期望结果。测试执行以后,需要有后置条件。以下是确定测试用例的必要信息:

(1) 前置条件。
(2) 其他可能的条件。
(3) 期望结果。
(4) 后置条件。

然而,测试用例的具体输入数据和结果并不能直接从用例中得到,需要对每个输入和输出数据的具体条件进行详细的分析,用例图中的每个选择都需要有测试用例覆盖。

3. 用例测试技术覆盖率计算

可能的准则是测试用例图中的每个可能的用例和每种可能的执行顺序至少由测试用例遍历一遍。

4. 用例测试技术的优缺点分析

基于用例的测试在测试典型的用户系统相互作用方面非常有用。因此,这个技术常用在验收测试和系统测试中。异常和特殊处理的情况也可以在用例图中表示出来,并且可以包含到测试用例中(如图 4-6 所示)。由于没有系统的办法来确定更多的测试用例以测试在用例图中没有显示的情况,这种情况下可以考虑其他的一些测试技术,例如边界值分析。

4.4 白盒测试技术

白盒测试技术(又称为基于结构的测试)是根据被测对象的结构系统化设计测试用例的一种方法。它所关注的结构可以是代码的结构(控制流图)、数据的结构、菜单的结构、模块间相互调用的结构、业务流程的结构等。白盒测试可以应用于任何测试级别,在不同测试级别,其分析的结构可能有所不同,例如:

(1) 应用在组件测试中,则分析软件组件的代码结构,结构体现在代码的控制流图内。

(2) 应用在集成测试中,结构可能是组件间调用的结构(调用树或模块调用关系图)。

(3) 应用在系统测试或验收测试中,结构可能是菜单结构、业务过程或 Web 页面结构。

满足白盒测试的测试覆盖率,意味着被测对象已不需要基于此技术再进行额外的测试,但是可以继续应用其他测试技术。白盒测试通常需要测试工具的支持,例如一些代码覆盖工具可以用来获取基于结构的测试覆盖率。测试人员了解白盒测试技术的基本原理,有助于更好地开展白盒测试。本节主要根据代码的结构来讲解白盒测试的原理,包括:

(1) 语句覆盖。

(2) 判定覆盖。

(3) 其他白盒测试技术。

4.4.1 语句覆盖和覆盖率

1. 语句覆盖

100%的语句覆盖指的是设计若干测试用例来测试程序,使得程序中的每个可执行的语句至少被执行一次。语句覆盖率指的是程序内被执行的语句数与程序内所有的可执行语句数的比值。语句覆盖分析的关注点集中在被测对象的可执行语句上,测试用例的执行可以满足事先定义的语句覆盖率要求。

将源代码转换为具有一定结构的控制流图是开展语句覆盖的基础。控制流图中的节点表示为可执行的语句,有向边表示节点之间的控制流。假如在程序段中出现连续的一般语句(没有分支),可以将它们视为一个节点而不影响其结构,因为执行第一个语句就可以保证执行到后面连续的所有语句。判定语句(IF,CASE)和循环语句(WHILE,FOR)会有一个以上的出口,即有多条边。

如图 4-7 所示是一个简单的程序片段所对应的控制流图,通过这个例子介绍语句覆盖的具体步骤。本程序只包含了两个判定和一个循环。

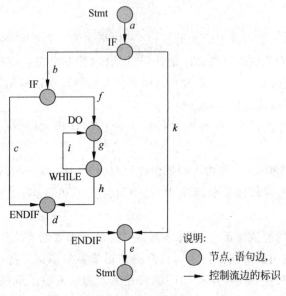

图 4-7 程序控制流图

2. 测试用例

在如图 4-7 所示的例子中,假如要求达到 100%的语句覆盖率(覆盖所有的节点),只要设计一个测试用例即可满足要求。该测试用例遍历的顺序如下:

a,b,f,g,h,d,e

除了上述的测试用例可以达到 100%的语句覆盖率之外,也可以组合控制流图中的另外的边,以达到要求的语句覆盖准则。由于时间和成本的限制,测试人员应该以尽量少的测试用例达到测试覆盖要求,以提高测试的效率和有效性。

每个测试用例的期望结果应该从说明中获得,而不是通过源代码获得。执行测试用例之后,将测试对象的期望结果和实际结果进行比较,从而判断两者之间存在的差异或者发现存在的失效。

3. 覆盖率定义

语句覆盖率的定义如下：

$$语句覆盖率=(被覆盖语句的数目/所有语句的数目)\times 100\%$$

尽管语句覆盖率是一个比较弱的评判标准,但是有时实现100％的语句覆盖率也是不容易的。例如程序中用以触发异常的某些条件,需要通过庞大的开销才可能满足,或者在测试执行过程中根本不会满足这些条件,都会导致难以达到100％的语句覆盖率。

4. 语句覆盖的特点

语句覆盖能够发现一般的语句(非判定和循环语句)错误。假如要求达到100％的语句覆盖率,但是有些语句通过任何测试用例都无法覆盖,此时就可能会发现不可达代码(即死代码)。

语句覆盖无法发现逻辑错误,例如在 IF 判定语句中、满足判定后的 THEN 中有语句、不满足判定时的 ELSE 中没有任何语句时,则这个控制流图中有一条 THEN-边,从这个判定开始,至少有一个节点在这条边上,除了这条 THEN-边之外还有一条没有任何节点的 ELSE-边。这两条边的控制流在判定终点 ENDIF 上汇合。在语句覆盖中,一条不包含任何节点的空的 ELSE-边(在 IF 和 ENDIF 之间)是不会被关注的,在这种情况下,语句覆盖只考虑了满足 IF 判定的情况,而不考虑不满足 IF 判定的情况,因为 ELSE 一边上没有任何节点。如果在程序中不满足 IF 判定时出现错误,用语句覆盖就无法发现。

4.4.2 判定覆盖和覆盖率

1. 判定覆盖

100％的判定覆盖指的是设计若干测试用例来测试程序,使得程序中的每个判定语句中的每个分支至少被执行一次,所以判定覆盖也称为分支覆盖。判定覆盖率指的是程序内遍历到的分支数与程序内所有的分支数的比值,或遍历到的边数与程序内所有边数的比值。判定覆盖关注的是控制流图中的边,即不仅要考虑连接一般语句的边,更要考虑判定语句的所有分支。测试需要确保每个判定可能的输出(如 IF 语句的 TRUE 和 FALSE,CASE 语句的所有分支)都得到了执行,即保证每个判定取真(TRUE)至少一次和取假(FALSE)至少一次。

判定覆盖比语句覆盖具备更强的测试强度,达到100%的判定覆盖率可以保证达到100%的语句覆盖率,但达到100%的语句覆盖率却不能保证达到100%的判定覆盖率。

2. 测试用例

在如图4-7所示的例子中,若测试中需要覆盖控制流图中的所有分支(100%判定覆盖),则需要设计比语句覆盖更多的一些额外的测试用例。要达到100%的语句覆盖率,只要执行如下序列的测试用例就可以满足:

(1) a,b,f,g,h,d,e

在测试用例中边c,i和k没有被执行到。边c和k是条件的空判定(ELSE),而i是返回到循环开始的边。因此,需要增加额外的三个测试用例:

(2) a,b,c,d,e

(3) a,b,f,g,i,g,h,d,e

(4) a,k,e

综合这4个测试用例就可以实现完整覆盖控制流图中所有的边,即覆盖测试对象源代码的所有可能的控制流判定。通过进一步的分析,发现测试用例(1)所遍历的路径a,b,f,g,h,d,e是冗余的,因为测试用例(3)所遍历的路径a,b,f,g,i,g,h,d,e已经包含了测试用例(1)遍历的路径,所以最少只需要三个测试用例(2),(3)和(4)就能达到100%的判定覆盖率。

在测试过程中,一些边被覆盖的次数可能不止一次,尽管有些冗余,但这常常是无法避免的,例如边a和e。

对每个测试用例而言,除了前置条件和后置条件,同时需要确定期望结果,用来和实际结果进行对比。而且,比较合理的做法是记录下哪个测试用例执行到了哪个判定,这样有助于发现缺陷,特别是针对那些空判定,即那些不包含任何语句的判定。

3. 覆盖率定义

类似于语句覆盖,判定覆盖的覆盖率可以进行如下定义:

判定覆盖率=(被覆盖判定的数目/总边的数目)×100%

覆盖率的计算仅仅考虑某个判定的分支是否被执行了,而不考虑执行的频率。在这个例子中,边a和e都被执行了4次,在每个测试用例中都被执行了一次。

假如只执行了例子中前面的两个测试用例(2)和(3),则边k没有被执行到,这样就执行了控制流图内10条边中的9条边,判定覆盖率是:

$$9/10 \times 100\% = 90\%$$

通过比较可以发现,执行测试用例(3)就可以保证100%的语句覆盖率,但是100%的语句覆盖率却无法保证100%的判定覆盖率。因此,测试人员可以根据测试对象的重要程度和风险级别定义不同的测试出口准则。例如,针对最重要的组件,要求达到100%的判定覆盖率;而对于其他组件,只要达到85%的判定覆盖率即可。通常情况下,较高的覆盖率需要更高的测试成本。

4. 判定覆盖的特点

满足100%判定覆盖率通常需要执行比满足100%语句覆盖率更多的测试用例,具体执行多少测试用例主要由测试对象的结构来决定。与语句覆盖不同,判定覆盖可以发现在空判定(没有任何节点的边)中的错误。

但是,判定覆盖只考虑每个判定的所有取值,而没有考虑组成判定的原子条件的所有取值,因此判定覆盖无法发现组成判定的原子条件的错误。

4.4.3 其他白盒测试技术

除了前面提到的语句覆盖和判定覆盖之外,还有一些其他的白盒测试技术,例如条件覆盖、判定-条件覆盖、条件组合覆盖、路径覆盖等。由于这些测试技术不在ISTQB初级考试的范围,这里不再详细介绍。有兴趣的可以参考ISTQB高级测试分析师考试内容。

4.5 基于经验的测试技术

基于经验的测试技术指的是根据测试人员的经验、知识和直觉来进行用例设计和/或选择的一种技术。该技术依赖于测试人员敏感的直觉和丰富的经验,应该作为系统化测试技术(例如黑盒测试技术和白盒测试技术)的有效补充。通过基于经验的测试可以发现运用系统化测试技术进行测试时无法或者很难发现的缺陷。

基于经验的测试技术依赖于测试人员的经验,因此不同测试人员测试得到的效果会有极大的不同。常见的基于经验的测试技术主要包括错误推测技术(Error Guessing)和探索性测试技术(Exploratory Testing)。

错误推测技术在实际测试工作中被广泛应用。错误推测技术指的是根据测试人员以往的经验,猜测在组件或系统中可能出现的缺陷或错误,并以此为依据来进行特殊的用例设计以暴露这些缺陷的一种测试设计技术。一般情况下,测试人员是靠经验来预测缺陷的。错误推测技术的一个结构化方法是列举可能的错误并构造可能的错误列表,并设计测试来攻击这些错误,这种系统的方法称为缺陷攻击。可以根据经验、已有的缺陷和失败数据以及有关软件失败的常识等方面的知识来设计这些缺陷和失效的列表。

另一个常见的基于经验的测试技术是探索性测试[①]。探索性测试指的是测试人员根据经验,充分发挥自己的主观能动性去有目的地设计一些测试用例,通过执行这些测试

---

① James Bach, Session-Based Test Management, Software Testing and Quality Engineering magazine, Nov. 2000.

用例获得有用的相关测试结果信息,并通过对测试结果信息的分析来设计新的后续测试,它是一种非正式的测试设计技术。探索性测试更强调测试人员的个人自由、主观能动性和职责。在探索性测试过程中,将学习、设计、执行和结果分析作为并行且相互支持的测试活动,不断优化测试人员工作的价值。

探索性测试根据制定的测试章程(即对测试目标的陈述,还可能包括关于如何进行测试的测试思路。)同时进行测试设计、测试执行、测试记录和学习,并且是在规定时间内进行的。特别适合在说明较少或不完备且时间压力大的情况下使用,或者作为对其他更为正式的测试的增加或补充。它可以作为测试过程中的检查,以有助于确保能发现最为严重的缺陷。

探索性测试的管理是一个难点,可以采用基于会话的测试管理(Session-Based Test Management),每个会话的时间建议不要超过两个小时。在每个会话中都要关注以下问题:

(1) 为什么要执行测试?测试执行的目标是什么?

(2) 测试什么内容?

(3) 使用什么测试方法以及如何使用测试方法?

(4) 需要发现什么?

探索性测试的基本思想如下:

(1) 一个测试用例执行的结果会影响到后期测试用例的设计和执行。

(2) 测试期间,由于对测试对象不了解,或缺乏测试依据,测试人员需要为测试对象构建一个虚拟的模型,模型中包含了假定的测试对象工作方式以及期望的结果。

(3) 根据模型执行测试。关注点是发现模型中没有的、与假定的工作方式和期望结果不一致处。

需要注意的是,基于经验的测试技术并不能简单归类到黑盒测试技术或者白盒测试技术,它可以作为系统化测试技术的补充,发现一些它们难以发现的缺陷。基于经验的测试技术的成功实施,更多地依赖于测试人员的技能、直觉和他们对以前类似的测试对象、使用技术方面的经验。

基于经验的测试技术可以应用于不同的测试级别,也可以针对不同的测试对象。但对基于经验的测试技术的覆盖率很难计数,对测试过程中发现的问题也较难重现。

4.6 选择测试技术

前面介绍了黑盒测试技术、白盒测试技术和基于经验的测试技术。测试人员在测试实践过程中,应该根据测试上下文进行合理选择。选择测试技术的基本原则是用尽可能少的测试工作量,生成足够多的测试用例,并能最大限度地达到测试目标,例如发现尽可能多的缺陷。

测试技术的选择会受到各种因素的影响,例如系统类型、法律法规标准、客户或合同的需求、风险的大小、风险的类型、测试的级别、测试的目标、文档的可用性、测试人员的技能水平、时间和成本预算、开发生命周期、用例模型和以前发现各类缺陷的经验等。

(1) 测试对象类型:不同的程序,它们的规模和复杂度也截然不同。应该根据测试对象选择合适的测试技术。例如,程序中的判定是由多个原子条件组合而成的,那么判定覆盖测试是不充分的,应该选择合适的测试技术来检查程序中的条件,例如条件组合覆盖。具体选择哪种技术还依赖于失效情况下给客户/用户带来损失的程度。

(2) 文档和工具的可用性:如果有详细的说明或者模型信息,就可以将它们直接作为测试设计的输入,从而得到具体的测试用例。这样就可以极大地减少测试设计的工作量。

(3) 符合标准的要求:行业标准和法律法规会要求使用特定的测试技术和覆盖准则,特别是属于安全关键系统或者综合系统的软件。

(4) 测试人员的经验:具有不同经验的测试人员会选择不同的测试技术。例如,测试人员会倾向使用以前找到过严重失效的技术。

(5) 客户的期望:客户可能会要求采用特殊的测试技术和达到一定的测试覆盖率。这是种比较好的做法,因为它一般能降低测试工作量,且保证在客户验收测试时,残留更少的缺陷。

(6) 风险分析:通过风险分析来指导测试工作,即选择具体测试技术和确定测试执行的范围和强度。对于高风险的区域应该进行更彻底的测试。

(7) 其他因素:例如说明和其他文档的可用性,测试人员的知识、技能和个性,时间和预算的限制,测试级别和以前的经验,如哪些缺陷发生得比较频繁,通过什么测试技术发现了这些缺陷等,这些都会很大程度地影响测试技术的选择。

有些测试技术适合于特定的环境和测试级别,而有些则适用于所有的测试级别。测试设计技术的选择应该基于一个全盘的考虑来决定。下面的经验可以有效地帮助选择合适的测试技术。

(1) 正确实现系统的功能是最重要的。任何情况下都必须首先保证对测试对象的功能进行充分的验证。不管采用什么技术,所有测试用例的开发都包括确定测试对象的期望结果和行为。这样就可以保证每个测试用例对系统的功能进行了验证,也可以判断系统是否存在问题或系统的功能是否被正确实现。

(2) 对每个测试对象只要有合适的输入或输出时,可以考虑应用等价类划分技术,至少可以划分成有效等价类和无效等价类。应用边界值分析来对等价类进行补充并设计测试用例。在执行这些测试用例的时候,使用相应的覆盖率测量工具来确认是否达到了要求的测试覆盖率。

(3) 若不同的状态会影响测试对象的运行顺序,就需要应用状态转换测试。只有状态转换测试可验证不同状态、状态转换和相应的行为之间的关系。

(4) 若给出了测试中必须考虑的输入数据之间的相互依赖关系,这些依赖关系就可以通过因果图或者决策表技术进行测试设计,相应的测试用例可以从决策表中导出。

(5) 显示在用例图(Use Case Diagrams)中整个系统的使用场景往往作为系统测试或验收测试的测试用例设计基础。

(6) 在组件测试和集成测试中,黑盒测试技术应该包含覆盖率度量。没有执行到的测试对象部分,需要在白盒测试中进行特别的考虑。可以根据测试对象的重要程度和属性,选择相应合适的白盒测试技术。

(7) 考虑具有循环结构的覆盖率时,至少需要循环一次。对于系统的重要和敏感部分,必须应用相应的测试方法(例如临界内部路径的测试和结构化路径的测试)来验证循环。

(8) 白盒测试技术和黑盒测试技术可以用在所有的测试级别。测试人员需要根据被测试对象的特点进行选择。

(9) 不能忽视基于经验的测试用例。这是对系统化测试设计的有效补充,它能通过测试人员的经验来发现更多的问题。

这里需要强调如下几点。

(1) 没有一种测试技术能够考虑和覆盖到测试的方方面面,因此测试过程中经常会采用不同测试技术的组合。

(2) 测试技术的选择以及测试执行的强度在很大程度上取决于失效时所造成的危害程度。

(3) 由于白盒测试技术的基础是测试对象的结构,所以在选择具体白盒测试技术时重点考虑和分析测试对象的结构。

4.7 习题

1. (K3)某个程序有三个输入参数 A、B 和 C,输入参数的有效条件是 A≤B 和 C≥B,如果应用等价类划分的技术,只考虑单缺陷组合(无效等价类只能与有效等价类组合),( )组最适合做此程序的健壮性测试(用无效的数据进行的测试)。

　　(1) A>B, C<B
　　(2) A>B, C≥B
　　(3) A≤B, C≥B
　　(4) A≤B, C<B
　　A. (2)(4)
　　B. (1)(2)(4)
　　C. (1)(2)(3)(4)
　　D. (2)(3)

2. （K3）根据状态转换图（如图 4-8 所示），分析状态转换表（如表 4-14 所示）内哪些行是错误的？（   ）

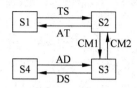

图 4-8　状态转换图

表 4-14　状态转换表

		AT	TS	CM1	CM2	A	DS
1	S1		S2				
2	S2	S1		S3			
3	S3		S1		S2		S4
4	S4			S2		S3	

A. 第 1 行

B. 第 2 行

C. 第 2 和 3 行

D. 第 3 和 4 行

3. （K3）针对下面的程序段：

```
If (x > 0 and y > 0) then
     z = z/x
end if
if (x > 1 or z > 1) then
     z = z + 1
end if
z = y + z
```

满足 100％语句覆盖率和满足 100％判定覆盖率的最有效的测试（x，y，z 为以上程序段的输入参数）为（   ）。

(1) x＝2，y＝1，z＝6

(2) x＝1，y＝0，z＝1

(3) x＝0，y＝6，z＝6

(4) x＝0，y＝12，z＝6

A. (1)；(1)(2)

B. (1)(2)；(2)(3)(4)

C. (2)；(1)(2)

D. (1)(2)(3)(1)

4. （K1）　系统化的测试主要会受哪些因素的影响？（   ）

(1) 组织的架构

(2) 测试及开发过程的成熟度

(3) 项目时间的限制

(4) 安全或规范需求

(5) 参与的人员

A. (1)(2)

B. (2)(3)(4)

C. (1)(3)(4)(5)

D. (1)(2)(3)(4)(5)

5. (K1)下面关于测试设计技术的描述错误的是( )。

A. 使用测试设计技术的目的是为了识别测试条件和开发测试用例

B. 黑盒测试设计技术是依据分析测试基础文档来选择测试条件、测试用例或测试数据的技术

C. 白盒测试设计技术是基于分析被测组件或系统的结构的测试技术

D. 系统测试使用黑盒测试技术,不会使用白盒测试技术

6. (K1)以下不属于基于结构的技术的共同特点的是( )。

A. 根据软件的结构信息设计测试用例

B. 可以通过已有的测试用例测量软件的测试用例覆盖率

C. 通过系统化地导出设计用例来提高覆盖率

D. 使用正式或非正式的模型来描述需要解决的问题

7. (K2)测试用例根据参与人员的经验和知识来编写;测试人员、开发人员、用户和其他的利益相关者对软件、软件使用和环境等方面所掌握的知识作为信息来源之一;对可能存在的缺陷及其分布情况的了解作为另一个信息来源。上述测试设计技术属于( )。

A. 白盒测试

B. 黑盒测试

C. 基于结构的测试

D. 基于经验的测试

8. (K2)下面关于等价类的说法错误的是( )。

A. 等价类划分可以分为两种基本类型的数据:有效数据和无效数据

B. 等价类划分也可以基于输出、内部值、时间相关的值以及接口参数等进行

C. 等价类技术属于基于说明的测试技术

D. 等价类划分只应用于系统测试

9. (K2)下面关于决策表测试的描述错误的是( )。

A. 当被测对象的行为由一些逻辑条件决定时,可应用决策表测试技术

B. 决策表的优点是可以生成测试条件的各种组合,而这些组合可能是利用其他方法无法被测试到的

C. 决策表的每一列对应了一个业务规则,该规则定义了各种条件的一个特定组合

D. 决策表描绘了状态和输入之间的关系,并能显示可能的无效状态转换

10.(K3)根据如图 4-9 所示的源代码控制流图,为了达到 100％的语句覆盖率,最少需要设计多少测试用例?( )(&& 为逻辑与 and,||为逻辑或 or)

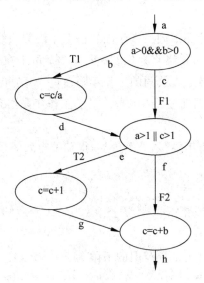

图 4-9　源代码控制流图

A. 1 个
B. 2 个
C. 3 个
D. 4 个

11.(K3)根据如图 4-10 所示的源代码控制流图,为了满足 100％的判定覆盖率,至少需要多少测试用例?( )(&& 为逻辑与 and,||为逻辑或 or)

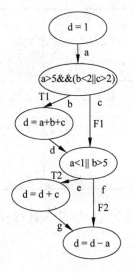

图 4-10　源代码控制流图

A. 1 个

B. 2 个

C. 3 个

D. 4 个

12. （K3）某公司用来计算不同工作年限的员工年终奖系统的需求描述如下：员工在公司的工作年限不超过 3 年，年终奖为月工资的 25%；员工在公司的工作年限超过 3 年，年终奖为月工资的 50%；员工在公司的工作年限超过 5 年，年终奖为月工资的 75%；工作年限超过 8 年，年终奖为月工资的 100%。员工工作年限必须是整数，并且工作年限最大值不超过 100。

根据上述说明，为"工作年限"划分等价类，得到的有效等价类的数量为（　　）。

A. 2

B. 4

C. 6

D. 8

13. （K3）公司定义的员工工资范围的下限为 2000 元/月，上限为 51999 元/月，工资为整数，那么员工工资的边界值为（　　）。

A. 1999，51 999

B. 2000，51 999

C. 1999，51 998

D. 2000，51 998

14. （K3）某原始决策表如表 4-15 所示。

表 4-15　决策表

	规　　则	1	2	3	4	5	6	7	8	9	10	11	12	13	14	15	16
条件桩	C1：a、b 和 c 构成三角形？	Y	Y	Y	Y	Y	Y	Y	Y	N	N	N	N	N	N	N	N
	C2：a = b？	Y	Y	Y	Y	N	N	N	N	Y	Y	Y	Y	N	N	N	N
	C2：a = c？	Y	Y	N	N	Y	Y	N	N	Y	Y	N	N	Y	Y	N	N
	C2：b = c？	Y	N	Y	N	Y	N	Y	N	Y	N	Y	N	Y	N	Y	N
动作桩	A1：非三角形									Y	Y	Y	Y	Y	Y	Y	Y
	A2：不规则三角形								Y								
	A3：等腰三角形				Y		Y	Y									
	A4：等边三角形	Y															
	A5：不符合逻辑		Y	Y		Y											

表中的规则可能存在一定的冗余，如对其进行优化，得到的最优决策表的规则有（　　）条。

A. 5

B. 6

C. 7

D. 8

15. (K3)根据图 4-11 所示的状态转换图,为了覆盖所有的状态转换,至少需要设计多少测试用例?(　　)

A. 1

B. 3

C. 5

D. 7

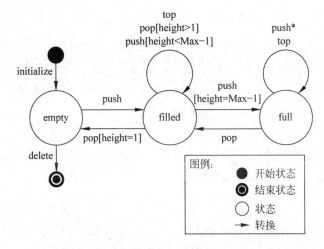

图 4-11　状态转换图

16. (K1)下面哪个是属于基于说明测试技术的特点?(　　)

A. 根据软件的结构信息获取测试用例

B. 可以通过已有的测试用例测量软件的测试覆盖率,并通过系统化导出设计测试用例来提高测试覆盖率

C. 使用正式或者非正式的模型来描述需要解决的问题或者软件

D. 测试用例根据参与人员的经验和知识来获得

17. (K3)针对下面的程序,满足 100% 语句覆盖的测试用例(a,b 的值)为(　　)。

```
If (a > 0 And b > 5) Then
    c = a + b
End If
If(a > 5 or b > 10) Then
    c = a - b
End If
```

A. a=10,b=4

B. a=-2,b=12

C. a=2,b=1

D. a=6,b=6

18.（K3）针对下面的程序代码,至少需要多少个测试用例才能满足100%的判定覆盖率?（　　）

```
/*输入1到10之间的偶数*/
#include<stdio.h>
int main()
{
int i=1;
while(i<=10)
{
If(i%2==0)              //能整除2就是偶数
{
Printf("%d",i);
}
i++;
}
Return 0;
}
```

A. 1
B. 2
C. 3
D. 4

第 5 章

测试管理

学习目标

编号	考点	级别
LO-5.1.1	识别独立测试的重要性	K1
LO-5.1.2	阐明在组织内进行独立测试的优点和缺点	K2
LO-5.1.3	识别创建测试小组需要考虑不同角色的团队成员	K1
LO-5.1.4	牢记测试组长和测试人员的主要任务	K1
LO-5.2.1	识别测试计划的不同级别和目标	K1
LO-5.2.2	根据《软件测试文档标准》(IEEE Std 829—1998),总结测试计划、测试设计说明和测试规程的目的及内容	K2
LO-5.2.3	从概念上区分不同的测试方法,例如分析法、基于模型的方法、系统法、符合过程/标准的、动态/启发式的、咨询式或可重用的方法	K2
LO-5.2.4	区分为系统所做的测试计划和测试执行进度安排的不同之处	K2
LO-5.2.5	为一组给定的测试用例编写测试执行进度表,需要考虑优先级、技术和逻辑关系等内容	K3
LO-5.2.6	列出在测试计划时应该考虑的测试准备和执行活动	K1
LO-5.2.7	记忆影响测试成果的主要因素	K1
LO-5.2.8	从概念上区分两种不同的估算方法:基于度量的方法和基于专家的方法	K2
LO-5.2.9	理解/证明应该针对特定的测试级别和测试用例组定义恰当的入口准则和出口准则(例如集成测试、验收测试或可用性测试的测试用例)	K2
LO-5.3.1	记忆用于监督测试准备和执行的常见度量项	K1
LO-5.3.2	根据不同的目的和用途对于测试报告和测试控制中用到的测试度量进行说明和比较(例如已发现和已修复的缺陷、通过和失败的测试)	K2

LO-5.3.3	根据《软件测试文档标准》(IEEE Std 829—1998)，总结测试总结报告的目的和内容	K2
LO-5.4.1	总结配置管理如何支持测试	K2
LO-5.5.1	将可能威胁一个或多个利益相关者实现项目目标的潜在问题描述为风险	K2
LO-5.5.2	牢记风险的级别是由可能性(发生的可能性)和影响程度(发生后所造成的危害)来决定的	K1
LO-5.5.3	区分项目风险和产品风险	K2
LO-5.5.4	识别典型的产品风险和项目风险	K1
LO-5.5.5	通过例子来描述在测试计划中如何进行风险分析和风险管理	K2
LO-5.6.1	按照《软件测试文档标准》(IEEE Std 829—1998)总结事件报告的内容	K1
LO-5.6.2	针对测试过程中发现的失效编写事件报告	K3

术语

术　　语	含　　义	解　　释
Tester	测试员	参与测试组件/系统的专业技术人员
Test Manager	测试经理	负责测试和评估测试对象的人。他(她)指导、控制、管理测试计划及调整对测试对象的评估
Test Approach	测试方法	针对特定项目的测试策略的实现,通常包括根据测试项目的目标和风险进行评估之后所做的决策、测试过程的起点、采用的测试设计技术、退出准则和所执行的测试类型
Test Strategy	测试策略	一个高级文档,该文档定义了需要对程序(一个或多个项目)执行的测试级别和需要进行的测试
Defect Density	缺陷密度	将软件组件或系统的缺陷数和软件或者组件规模相比的一种度量(标准的度量术语包括每千行代码、每个类或功能点存在的缺陷数)
Failure Rate	失效率	指定类型中单位度量内发生失效的数目。例如,单位时间失效数、单位处理失效数、单位计算机运行失效数
Test Control	测试控制	当监测到的结果与预期情况背离时,制定和应用一组修正动作以使测试项目保持正常进行的测试管理工作,参见 Test Management
Test Monitoring	测试监视	处理与定时检查测试项目状态等活动相关的测试管理工作,准备测试报告来比较实际结果和期望结果,参见 Test Management
Test Management	测试管理	计划、估计、监控和控制测试活动,通常由测试经理来执行
Test Summary Report	测试总结报告	总结测试活动和结果的文档,也包括对测试项是否符合退出准则进行的评估
Configuration Management	配置管理	一套技术和管理方面的监督原则,用于确定和记录一个配置项的功能和物理属性、控制对这些属性的变更、记录和报告变更处理和实现的状态,以及验证与指定需求的一致性
Version Control	版本控制	参见 Configuration Control
Configuration Control	配置控制	配置管理的一个方面,包括在正式配置完成之后对配置项进行评价、协调、批准或撤销、以及变更修改的控制
Product Risk	产品风险	与测试对象有直接关系的风险,参见 Risk
Project Risk	项目风险	与(测试)项目的管理与控制相关的风险,例如缺乏配备人员、严格的限期、需求的变更等,参见 risk
Risk	风险	将会导致负面结果的因素,通常表达成可能的(负面)影响

续表

术　　语	含　　义	解　　释
Risk-based Testing	基于风险的测试	在项目初始阶段使用的一种测试方法,用来降低产品风险的级别并通知利益相关者产品风险的状态,这个方法包括了产品风险识别和使用风险级别指导测试过程
Incident Logging	事件日志	记录所发生的(例如在测试过程中)事件的详细情况
Incident Management	事件管理	识别、调查、采取行动和处理事件的过程,该过程包含对事件进行记录、分类并辨识其带来的影响
Incident Report	事件报告	报告任何需要调查的事件(如在测试过程中需要调查的事件)的文档

5.1　测试组织

　　测试活动贯穿于整个软件开发生命周期,与之相关的测试任务必须紧密地与开发活动进行规划和协调。本章阐述了组织测试团队的方式、测试团队成员所应具备的角色和职责、测试经理的任务以及进行高效测试所需要的辅助过程。

5.1.1　测试组织和测试独立性

　　测试独立性会随着组织特点和产品要求的不同而有所不同,需要根据实际的测试上下文选择合适的测试独立性。选择测试独立性时,需要考虑和平衡相应测试独立性的优点和缺点。

1．独立测试方式

　　测试过程中使用的测试方法,与在项目分析和开发中使用的方法是不同的。一定程度的独立测试,可以避免由于开发人员对自己代码偏爱导致的问题,也可以更加高效地发现软件缺陷。独立测试并不是说开发人员不能进行测试,开发人员有时也可高效地在他们的代码中找出很多缺陷。因此,需要根据具体的情况,选择合适的独立测试类型。下面是常见的一些独立测试类型。

　　(1) 开发人员负责测试,开发人员测试自己的代码(自测试)。

　　(2) 开发团队负责测试,开发人员相互测试对方的代码(同伴测试)。

　　(3) 在开发团队中有专业的测试人员负责测试开发人员的代码。

　　(4) 组织内有没有开发任务的专门测试团队,测试团队内的测试人员测试开发人员的代码。

(5) 针对特定测试类型的独立测试专家/顾问,例如易用性测试人员、安全性测试人员或认证测试人员(他们根据标准和法律法规对软件产品进行认证)。

(6) 测试机构或测试实验室(内部或外部)。

(7) 组织外的独立测试人员。

开发人员和测试人员在测试心理方面有所不同,开发人员难以客观、有效地测试自己开发的软件。由于开发人员对需求和设计方面的误解而产生的缺陷,开发人员将更加难以发现。

另外,软件产品的开发过程受到时间、成本和质量三者的制约,时间和成本指标便于度量,而质量却很难度量。假如开发人员负责测试活动,当时间、成本和质量三者发生矛盾时,开发人员在时间压力下容易忽视质量,导致难以有效开展测试活动。如果测试组织与开发组织来自不同的机构,来自开发组织的管理压力可以相对减少,减少测试过程中受到的干扰。

因此,在尽量避免开发人员测试自己开发的软件,特别是在相对高级别的测试中,如系统测试或验收测试。对于庞大、复杂或安全关键的项目,通常有多级别的测试,并让独立的测试人员负责某些级别或所有的测试。开发人员也可以参与测试,尤其是一些低级别的测试,但是开发人员往往缺少客观性,会限制他们测试的有效性。独立测试人员有权要求和定义测试过程及规则,但是测试人员应该只有在存在明确管理授权的情况下才能充当这种过程相关的角色。

2. 独立测试的优点

测试过程中采用独立测试的方式,无论在技术上还是管理上,对提高软件测试的有效性都具有重要意义。独立测试的优点具体表现如下。

1) 公正和客观性

抱有客观的态度,而客观的态度可以帮助解决测试中的心理问题,即相对于开发人员,测试人员更能够以发现软件中的缺陷作为测试目的而开展工作,可以发现一些其他不同的缺陷。同时,独立的测试人员可以验证开发人员在系统说明和实现阶段所做的一些假设。

2) 专业性

独立测试作为职业化的工作,在长期的测试工作中能够积累大量实践经验,形成自己的职业优势。同时,软件测试与开发所需的专业知识不同、采用的技术不同、思维的方式也有所不同(创造性与破坏性)。因此,测试过程需要测试人员具备特定的技术和技能,并对测试过程持续不断进行改进。专业化分工是提高测试水平、保证测试质量、充分发挥测试效率的必然途径。

3) 权威性

由于测试团队具备专业优势,独立测试工作形成的测试结果更具信服力。而测试结果常常和对软件的质量评价联系在一起,因此,由专业化的独立测试机构进行评价的权威性更强。

4）资源有保证

独立测试机构的主要任务是进行独立测试,这使得测试工作在经费、人力和时间方面更有保证,不会因为开发的压力而减少对测试的投入、降低测试的有效性,可以避免开发组织侧重软件开发而对测试工作产生不利的影响。

3．独立测试的缺点

测试的独立性并不总是越高越好。随着测试独立性的提高也会带来一些问题,例如:

(1) 整个组织的复杂度越来越高,管理成本增加,当测试团队不属于该组织的时候,无法及时监控测试团队的测试质量。

(2) 沟通效率降低,原来可能只是需要口头交流的问题,现在需要通过复杂的配置管理、缺陷管理和文档管理系统来解决。

(3) 测试人员和开发人员的距离越来越远,项目团队氛围可能会下降,某些极端情况下甚至可能会出现开发人员和测试人员的对立现象。

(4) 测试人员重点关注测试相关技能,对开发技能掌握得比较少,不利于发现系统需求和设计方面的缺陷。

(5) 独立的测试团队可能降低开发人员对软件质量的责任感,开发人员可能会觉得产品质量应该是测试团队的事情,而不是整个项目团队的责任。

(6) 独立的测试团队可能同时为多个项目进行测试,独立的测试人员可能被视为瓶颈或成为延时发布而被责备的对象。

一个组织的测试活动可以采用多种测试独立性策略,不同的测试级别也可以使用不同形式的测试独立性策略。通常情况下,低级别的测试采用独立性比较低的策略,高级别的测试采用独立性比较高的策略。例如组件测试和集成测试由开发人员完成,系统测试由企业内部独立的测试团队完成,验收测试可以由引入组织外的测试团队完成,如表 5-1 所示。具体的形式可以根据组织和项目的实际情况进行调整。

表 5-1　测试团队和测试级别

独立性 级别	不同的开发人员	组织内独立的测试团队	组织外部的测试团队
组件测试	X		
集成测试	X		
系统测试		X	
验收测试			X

5.1.2 测试组长(测试经理)和测试人员的任务

测试团队的构成和其规模没有特别的关系。即使测试团队只有一个人,这个人也需要扮演不同的角色,承担不同的测试职责。

1. 测试团队的角色

在本课程大纲中,主要涉及两个测试角色:测试组长和测试人员。这两个角色执行的活动和任务是由项目和产品的背景、人员的角色和组织结构来决定的。测试组长也称为测试经理或测试协调人。测试组长的角色也可以由项目经理、开发经理、质量保证经理或测试组的经理来担任。

(1)测试经理:测试计划和测试控制专家,具备软件测试、质量管理、项目管理和人员管理等领域的知识和经验。

(2)测试人员:又可以细分成如下角色:

① 测试设计人员/测试分析人员:专于测试方法和开发测试用例并且确定测试用例的执行顺序,具备开发和测试知识、软件工程以及测试用例设计方法等领域的知识和经验。

② 测试自动化人员:测试自动化专家,具备测试基础知识、编程经验,以及丰富的自动化测试工具和脚本语言知识。利用项目中提供的测试工具,按需要进行自动化的测试。

③ 测试系统管理人员(实验室管理人员):安装和操作测试环境方面的专家,具备系统管理员知识。建立和支持测试环境,需要经常与系统管理员和网络管理员进行协调。

④ 测试执行人员:执行测试和编写事件报告方面的专家,具备IT基础知识、测试基础知识,能使用测试工具(缺陷管理工具等),熟悉被测试对象。

测试人员也常常作为以上提及的除测试经理外的所有角色的通用名称。

2. 测试团队职责

优秀的测试团队必须明确定义不同的角色和职责。明确的职责是实现高效测试团队的前提。测试团队中主要的角色职责如下。

1)测试经理

(1)与项目经理以及其他相关人员共同协调测试策略和测试计划。

(2)将测试的安排合并到其他项目活动中,例如集成计划。

(3)制订测试计划(要考虑背景,了解测试目标和风险),包括选择测试方法,估算测试的时间、工作量和成本,获取资源,定义测试级别、测试周期并规划事件管理等。

（4）启动测试说明、测试准备、测试实施和测试执行，监督测试结果并检查出口准则。

（5）根据测试结果和测试过程（有时记录在状态报告中）调整测试计划，并采取任何必要措施解决存在的问题。

（6）对测试件进行配置管理，保证测试件的可追溯性。

（7）引入合适的度量项以测量测试进度，评估测试和产品的质量。

（8）决定什么应该自动化、自动化的程度，以及如何实现。

（9）选择测试工具支持测试，并为测试人员组织测试工具使用的培训。

（10）决定关于测试环境实施的问题。

（11）根据在测试过程中收集的信息编写测试总结报告。

2）测试人员

（1）测试设计人员/测试分析人员

① 分析、评审和评估用户需求、设计和模型等内容的可测试性，以便设计测试用例。

② 创建概要测试用例和详细测试用例。

③ 准备和获取测试数据。

（2）测试自动化人员

① 负责设计和搭建模块化的、可维护的自动化测试环境。

② 自动化测试需求分析和使用适合项目特点的测试工具实现测试用例的自动化脚本。

（3）测试系统管理员

① 负责或协助测试环境的规划和搭建，维护环境的正常运行。

② 安装新的测试平台、被测试的系统等。

③ 优化测试环境，提高测试环境中网络、服务器和其他设备运行的性能。

（4）测试执行人员

① 评审和参与测试计划的制订。

② 进行各种级别的测试，执行并记录测试日志，评估测试结果，记录实际结果和期望结果之间的偏差。

③ 根据需要使用测试管理工具和测试监控工具。

④ 在可行的情况下，测试组件和系统的性能。

⑤ 对他人的测试进行评审。

从事测试分析、测试设计、特定测试类型或自动化测试方面的工作人员都可以是这些角色的专家。根据项目或产品的测试级别及可能存在的风险，建议由不同的人充当各种测试的角色，同时保持一定的独立性。在组件测试和集成测试的级别，测试人员的角色可能是开发人员担当，但在验收测试级别，测试人员一般是业务方面的专家和用户，进行操作性验收测试的一般是用户方的系统管理员。

5.2 测试计划和估算

测试计划和估算是整个测试过程中的重要活动。本节将描述在开发和实施项目过程以及维护过程中,如何更好地制订测试计划。本节主要包括的内容如下。

(1) 什么是测试计划。
(2) 测试计划包括哪些活动。
(3) 测试执行的入口准则。
(4) 测试执行的出口准则。
(5) 测试成本估算。
(6) 测试策略/测试方法。

5.2.1 测试计划

测试计划可以作为项目计划的一部分,也可以是一篇单独的文档。一个项目可以只有一个测试计划,也可以有多个测试计划(例如不同的测试级别有单独的测试计划)。测试计划从整体上描述了如何组织和开展测试活动,它描述了测试的目标、测试的范围、测试的方法、测试所需的资源以及测试活动的进度,同时识别测试需要覆盖的功能、执行的测试任务、测试相关的人员以及可能的风险等。测试计划的制订需要符合组织的质量方针、测试方针和测试指南。

测试计划文档的格式和模板可以参考《软件测试文档标准》(IEEE Std 829—1998)。下面对 IEEE Std 829—1998 标准中的测试计划文档内容进行详细的描述,其主要内容包括:

(1) 测试计划标识(Test Plan Identifier)。
(2) 简介(Introduction)。
(3) 测试对象或测试项(Test Items)。
(4) 需要测试的特性(Features to be Tested)。
(5) 不需要测试的特性(Features not to be Tested)。
(6) 测试方法(Approach)。
(7) 测试项通过/失败准则(Item Pass/Fail Criteria)。
(8) 暂停准则/恢复要求(Suspension Criteria and Resumption Requirements)。
(9) 测试交付物(Test Deliverables)。
(10) 测试任务(Testing Tasks)。
(11) 环境要求(Environmental Needs)。
(12) 职责(Responsibilities)。

(13) 人员配备和培训要求(Staffing and Training Needs)。
(14) 进度(Schedule)。
(15) 风险和应急(Risks and Contingencies)。
(16) 批准(Approvals)。

1．测试计划标识

测试计划标识用来唯一识别测试计划文档，测试计划标识和文档的命名必须符合组织的命名规则。

2．简介

测试计划中的项目简要介绍，可以使阅读测试计划的人员了解基本的项目信息，以及帮助他们查找一些相关的信息。测试计划中的项目描述是对测试对象和测试目的的简单介绍，或者说是一个概要的全景图。

测试计划的读者除测试团队成员之外，还包括项目经理、开发人员甚至一些项目的客户。为了帮助他们理解测试计划，需要在测试计划中包含一些其他的信息，例如项目的一些其他文档，包括项目计划、质量管理计划、配置管理计划等。也需要包括和项目相关的标准和准则、组织的质量方针和测试方针，以及客户相关的一些文档等。

3．测试对象或测试项

对测试对象或者测试项(其中包括其版本)的详细描述，主要包含以下内容：

(1) 测试依据的相关文档，它们是测试分析和设计的基础和输入。文档包括测试对象的需求和设计说明，以及其他的系统相关的文档。

(2) 测试对象包含的各个组成部分都需要进行适当的描述。

(3) 测试项中也包含了开发团队如何向测试团队提交测试对象和测试版本的方式。例如通过邮件系统、服务器、网页下载等。

如果在测试过程中需要用到不属于测试对象的系统组件，则在测试项中也应该明确做出规定。

4．需要测试的特性

标识所有要测试的软件特性及其组合，并标识与每个特性或特性组合相关的测试设计说明。同时规定测试过程中需要覆盖的功能和非功能属性。

为了保证测试对象的可跟踪性和质量特性的一致性，以及采用的测试技术的可行性，需要定义规范的质量模型，例如 ISO/IEC 9126。ISO/IEC 9126 标准将软件系统分成 6 类质量特性(更多关于 ISO/IEC 9126 的内容参见 1.1.4 节)。质量模型有助于定义软件特性的功能性和非功能性，以及采用合适的测试技术、定义合适的软件测试目标和测试出口准则。

5. 不需测试的特性

标识所有不需要测试的软件特性以及不需要测试的特性组合,并阐述不进行测试的原因,这有助于明确测试人员和其他质量保证人员的职责。

由于测试计划总是在前期准备就绪,所以需要测试的特性和不需测试的特性列表可能是不完善的。随着项目的进展,会发现有些组件或者特性是无法测试的,或者需要增加某些组件、特性,或特性的组合,此时就需要修正测试计划的相应内容。

6. 测试方法

描述测试的总体方法。对于每个主要的特性和特性组合,规定要确保它们得到充分测试的方法,规定用于测试制定特性组所需的主要活动、技术和工具,即测试方法中详细描述了测试过程中采用的各种方法。对被测系统的每个功能和非功能特性或者它们的组合,采用何种合适的测试方法来保证测试覆盖率。同时通过采用合适的测试活动、测试技术和测试工具等来验证这些软件产品的特性。

确定测试方法是测试计划的核心内容。测试方法应该详细地描述采用的方法,有助于对主要测试任务的识别以及相应测试工作量的估算。测试方法也需要规定最基本的测试覆盖率要求,从而选择合适的测试技术以满足测试要求,例如要求覆盖被测对象的每条语句,选择语句覆盖率是合适的。

测试方法中也需描述测试的主要限制因素,例如:测试项是否能够及时交付、测试资源是否能够及时到位,以及测试的截止时间等。

7. 测试项通过/失败准则

用来规定每个测试项测试通过或者测试失败的准则。为了更好地实施测试,这里主要会涉及入口准则、出口准则以及测试成功准则。

(1) 入口和出口准则

为了保证测试执行的顺利进行,同时也是为了在整个项目组内建立共识,需要确定什么时候可以开始测试执行、什么时候可以结束测试执行,即确定入口准则和出口准则。建立测试入口准则和出口准则,有助于测试执行的顺利进行。同时测试人员在测试执行过程中,利用这些准则检查当前的测试状态,并根据不同的测试状态,采取合适的应对措施。更多关于入口准则和出口准则的内容,参见 5.2.3 和 5.2.4 节。

(2) 测试成功准则

测试成功准则是指系统或组件通过规定的测试所必须满足的准则,是用于确定一个软件系统或软件特性通过测试与否的判定准则。

测试成功准则可以根据软件组织内统一定义的测试要求、软件项目、系统或组件的具体要求来确定,或者根据所采用的测试种类要求、测试用例设计方法来确定。

不同的测试级别,确定测试成功准则的依据是不同的。

① 组件测试：有关详细描述组件功能和非功能特征的文档(组件设计文档或者详细设计文档等)。

② 集成测试：有关详细描述组件或子系统之间接口和详细描述组件或子系统相互协调工作的相关文档(例如系统概要设计文档等)。

③ 系统测试：有关详细描述用户的需求和系统所应该具有的功能和非功能特征的相关文档(例如用户需求和系统设计说明等)。

④ 验收测试：用户/客户的合同、法律法规和行业行规的要求、系统使用的环境要求、有关系统的各种说明等。

软件测试成功准则的依据也可以是软件组织内统一定义的测试要求，例如测试缺陷指标、测试覆盖率指标、测试通过率指标、缺陷预测曲线(通过预测曲线可以大概预测被测系统在此后一段时间内新发现缺陷的数目会趋于平稳/收敛(例如趋于0)，或被测系统在此后一段时间内新发现缺陷的数目会趋于不断上升/发散(例如指数式上升)等)。

软件测试成功准则的依据也可以根据系统所采用的测试方法进行分类，例如黑盒测试的成功准则可以是各种覆盖率要求，如测试平台的覆盖率要求、软件质量特性的覆盖率要求(功能性测试、易用性测试、移植性测试等)；白盒测试的成功准则可以是另外的覆盖率要求，例如语句覆盖率和判定覆盖率等。

下面是测试成功准则的具体例子。

例子1：系统的最大瞬时用户并发数应达到5000个，并且响应时间不超过0.1s。

例子2：所有选择的测试用例必须至少执行一遍，测试通过率不得低于95%，并且所有严重程度为1和2的缺陷已经修复且经过相关的确认测试(再测试)和回归测试。

例子3：采用语句覆盖率设计测试用例，语句覆盖率必须达到100%。

例子4：采用边界值分析设计测试用例，边界值覆盖率必须达到100%。

8. 暂停准则/恢复要求

假如测试对象无法达到测试级别的出口准则，而继续按照测试计划进行测试可能就是浪费时间。解决这种问题的一种方法是定义和应用测试暂停准则和恢复要求，或者对每个测试级别定义明确的测试入口准则。同时这些入口准则又可以作为重新进行相关测试的恢复要求。测试暂停准则和恢复要求的概念如下。

(1) 暂停准则是可能会导致测试执行暂停(非正常中止)的状态和事件。例如，测试执行阶段可能的暂停准则有：

① 所需的测试环境没有准备完毕。

② 测试过程中发现严重问题或者大量问题，以至于继续测试没有什么意义。

(2) 恢复要求是可以继续或者重新进行测试的状态和事件。例如，测试执行阶段可能的恢复要求有：

① 所需的测试环境准备完毕。

② 测试过程中发现的严重问题或者大量问题已经解决，并且符合测试的入口准则。

9．测试交付物

测试计划中需要明确定义在测试完成后需要交付的文档,以及交付的文档参考的标准和使用的模板。

IEEE Std 829—1998 中定义了测试过程中输出的一些文档,而测试数据、测试工具和测试自动化脚本等也应该作为测试交付物的一部分。测试文档和其他项目开发文档一样,需要进行维护和版本控制。

测试交付物主要包括：

(1) 测试计划。

(2) 测试设计说明。

(3) 测试用例说明。

(4) 测试规程说明。

(5) 测试脚本。

(6) 测试日志。

(7) 测试事件报告。

(8) 测试报告。

(9) 其他。

10．测试任务

标识准备和执行测试所需要的任务集合。测试任务将测试项目分成独立的测试准备活动和测试执行活动。同时,测试活动的相互关系和内外影响也需要在这里加以考虑。

测试任务中除了罗列的测试活动外,还需要标识各项任务之间的依赖关系和所要求的任何特殊技能。跟踪测试活动状态、测试活动的实际时间和计划时间的比较也是测试任务部分需要考虑的内容。

11．环境要求

在测试计划中还要对测试活动所需的环境进行描述,包括软件的需求、硬件的需求和所需的工具等。

测试环境的需求包括：

(1) 测试平台的需求(例如服务器、终端设备、路由器等硬件需求,操作系统和其他的软件需求等)。

(2) 其他测试的前置条件(参考的测试数据或者配置数据等)。

同时需要回答下面的这些问题：

(1) 测试的控制点是什么？例如用什么接口来操作测试对象。测试的观察点是什么。例如用什么接口来检查测试对象的实际反馈。

(2) 需要什么样的辅助软件和硬件？例如监视器、模拟器、调试器和信号发生器等。
(3) 采用什么方法来进行测试自动化？

12．职责

测试活动中需要明确定义测试管理、测试说明、测试准备、测试执行和测试监控等测试任务的相关责任人。其他的一些职责还包括内部测试项目质量保证、配置管理（包括测试环境配置和维护）。

测试任务的相关责任人可以是开发人员、测试人员、用户代表、产品支持人员以及质量管理人员等。

13．人员配备和培训要求

为了执行测试计划中的测试任务，根据不同人员的技能要求和实际的技能水平，来开展相关的软件产品、测试过程、测试工具等的培训。

14．进度

在项目开始阶段，需要测试进度表定义里程碑式的测试活动。由于测试进度经常变动，初始的项目测试进度表只是作为后续项目测试活动的开始点，同时，测试活动的变动也促使项目测试进度的更新。

15．风险和应急

在测试计划中不仅需要识别、分析和规避或减缓测试过程中的各种风险，最大限度地保障测试过程的质量。还要对被测对象的质量风险（产品风险）进行分析，可以用质量风险信息指导测试，如设定测试条件或测试用例的优先级、选择测试技术和测试范围等。通过测试可以减少被测对象中的风险，通过测试还可以反馈被测对象中的风险信息。

16．批准

罗列所有需要批准该测试计划的人员名字和角色。

上面讲解了 IEEE Std 829—1998 中规定的测试计划的所有内容，但制订测试计划时并不意味需要包括上述的所有内容，而应该结合每个组织的特点和每个产品的具体情况，对上述内容进行相应的裁剪。

5.2.2　测试计划活动

制订良好的测试计划是系统化测试的基础，测试计划对此后的测试过程起着指导性作用。测试计划中包括了如下的各种活动。

(1) 确定测试的范围和风险，明确测试的目标。

(2) 定义测试的整体方法,包括确定测试级别、定义入口准则和出口准则。
(3) 把测试活动集成和协调到整个软件生命周期活动中去。
(4) 确定测试什么,由谁来执行测试,如何进行测试,如何评估测试结果。
(5) 为测试分析和设计活动安排时间进度。
(6) 为测试实现、执行和评估安排时间进度。
(7) 为已定义的不同测试任务分配资源。
(8) 定义测试文档的数量、详细程度、结构和模板。
(9) 监控测试准备和测试执行,为缺陷修改和风险管理选择度量项。
(10) 确定测试规程的详细程度,以提供足够的信息支持可重复的测试准备和执行。

测试计划的制订会受到很多因素的影响,例如组织的测试方针、测试范围、测试目标、风险、关键程度、可测试性和资源的可用性等。随着项目和测试计划的不断推进,将有更多的信息和具体细节加入到计划中。

测试计划中有一个重要的测试活动是确定测试执行进度。测试资源、软件质量和测试时间之间是相互制约的,因此测试执行进度的制订,需要在这三者之间进行平衡。例如项目产品发布的时间是确定的,或者受到市场或客户的需求的制约,那么在有限的时间内,需要平衡有限的测试人力资源和其他的测试资源来制订测试进度。

很多因素会影响测试执行进度的制订,主要包括:
(1) 时间因素。
(2) 人力资源。
(3) 软件质量。
(4) 测试文档。

1. 时间因素

制订测试进度首先需要考虑时间因素。有一些安全关键系统,它们的交付时间受客户的影响比较小,例如航空航天、医疗软件等,在进度和质量发生冲突的时候,它们更侧重于质量。而很多非安全关键系统,例如手机游戏软件,由于激烈的市场竞争,厂家都希望能尽快发布产品,或者客户的产品发布时间已经确定。这就导致在制订测试时间进度的时候,产品发布的时间根据产品生命周期或者客户市场的需要已经确定。例如,某软件产品必须在 12 月 31 日前交付给客户,所有的开发活动和测试活动的进度安排都必须围绕这个时间点进行。

2. 人力资源

测试活动需要由相关的测试人员来完成。根据组织对以往测试活动的经验数据,以及对本测试规模的估算,来确定在这个有效时间段内的测试人员数目和其他的测试资源。例如,在测试执行过程中,该组织测试执行的经验数据是每人每天执行 4 个测试用例,如果指定的测试执行时间是 20 个工作日,需要执行的测试用例数目是 400 个,那么从这些数据中可以得到需要的测试人员至少是 5 个(400/(4×20))。

测试的人力资源除了数量上的要求,还包括对测试人员具有的技能水平的要求。不同的项目需要不同技能的测试人员。常见的测试执行时需要的技能包括产品相关知识、测试工具使用、测试环境搭建、测试基本理论知识和技能等。在制订测试计划时需要明确测试人员应该具备的技能。如果发现测试团队缺乏具备相应技能的人员,需要及时制订招募或培训计划,提高团队成员的相关技能水平。

3. 软件质量

在定义了测试执行的时间、测试执行的规模(测试用例数目)的情况下,得到了需要的测试人员数目。在做测试计划时,假定 5 个测试人员在 20 天时间内能够完成 400 个测试用例。在实际测试过程中,可能会发现在规定时间内无法或很难完成这个工作量,也许因为在测试计划中没有考虑到测试过程中发现期望结果与实际结果有偏差时需要对此偏差进行分析和评估的时间,也许因为没考虑发现缺陷后需要再次测试以确认该缺陷是否得到正确修改的时间,而这些工作都需要时间。因此在做测试计划时,还需要考虑测试过程中可能发现的缺陷数目,然后根据组织的缺陷方面的经验数据来估算需要花费的时间。在制订测试计划时,还常常会遗漏软件缺陷的确认测试(再测试)以及回归测试的工作量,导致测试后期的测试任务非常繁重。产品的质量、文档的质量、开发过程的成熟度、个人的能力等都会极大地影响测试的进度。

4. 测试文档

完成测试执行以后,需要提交测试报告,包含测试的内容和范围、测试存在的风险、遗留的缺陷(已发现但还没修改的缺陷)以及相应的解决方案和软件质量信息等,所以在测试计划中也需要包括相关文档编写的工作量。

5.2.3 入口准则

测试执行入口准则指的是允许软件系统或者软件产品进入测试执行阶段所必须具备的条件。也就是说,提交的软件系统或者软件产品,必须满足入口准则定义的条件,测试团队才可以进行测试执行的具体工作。入口准则的定义可以考虑各个方面的因素,例如针对系统测试,可以定义下面的一些条件作为测试执行的入口准则。

(1) 测试设计说明和测试用例说明已经编写完成并且通过评审。
(2) 自动化测试用例验证通过(如果需要自动化测试)。
(3) 相关的测试资源和测试环境准备就绪,包括人员、工具、实验室等。
(4) 开发人员对提交的版本进行了预测试并且预测试通过(也可能是测试团队进行相关版本的预测试)。
(5) 开发人员提交版本说明,包括该版本中新增加的功能特性、修改的缺陷、没有修改的缺陷、可能存在的问题以及测试重点的建议等。

假如开发团队的软件版本无法满足测试执行的入口准则,测试经理或者相关负责人可以拒绝执行测试,例如测试对象无法通过预测试,那么测试经理可以拒绝开始测试执行活动。

5.2.4　出口准则

测试出口准则的目的是定义什么时候可以停止测试执行,例如某个测试级别的结束,或者当测试达到了规定的目标。

如果执行完所有计划的测试用例后,测试出口准则的一个或多个条目还没有满足,一个方法是考虑设计更多的测试用例,执行更多的测试,以满足出口准则。另一个可行的方法是修改测试出口准则。如果需要增加测试用例,需要注意保证新的测试用例有助于满足相应的出口准则。否则,额外的测试用例只会增加工作量而不会对满足出口准则有任何改进。

为了满足出口准则,有时需要采用不同的测试技术,例如测试系统对某异常情况的响应时,由于现行的测试环境不能够引入或者模拟这种异常情况,处理这种异常情况的代码就不能够被执行和测试。在这种情况下,应当使用其他的测试方法(例如静态分析)对代码进行分析和评估。

出口准则主要包含:
(1) 完整性测量,例如代码、功能或风险的覆盖率。
(2) 对缺陷密度或可靠性度量的估算。
(3) 成本。
(4) 遗留风险,例如没有被修改的缺陷或在某些部分测试覆盖率不足。
(5) 进度表,例如基于交付到市场的时间。

5.2.5　测试估算

测试计划中要确定测试时间进度和安排测试资源,这就涉及测试估算。测试估算的对象主要包括规模、工作量和进度。

(1) 测试规模估算:通常指的是测试用例的数目,而不是软件估算中的代码行(KLOC)或者功能点。
(2) 测试工作量估算:通常采用的单位是人年(PY)、人月(PM)、人周(PW)或者人天(PD)等。
(3) 测试进度估算:指的是合理安排和控制测试周期、测试资源和测试活动顺序之间的关系。

在ISTQB基础级大纲中,主要考虑针对测试工作量的估算。因此本章节主要针对测试工作量的估算进行阐述。估算测试工作量有以下两种常见的方法。

(1) 基于度量的方法：根据以前或相似项目的度量值来进行测试工作量的估算，或者根据典型的数据来进行估算。

(2) 基于专家的方法：由任务的责任人或专家来进行测试任务工作量的估算。

测试估算是一个系统化和不断持续的过程，应该尽早开始。在对项目有所了解的情况下就开始进行粗略的估算，随着对系统的深入了解和相关文档的齐全，在后续阶段可以进行更加精确的估算，从而可以对前面的粗略估算进行相应的更新和修正。

高精度的估算很困难，也不是必需的。软件项目中的合理估算，可以帮助项目人员制订进度计划，并使工作活动尽量满足进度表。

1. 影响测试工作量估算的因素

一般来说，软件测试工作量估算是基于以前的项目数据和组织层面的软件测试度量数据，例如测试效率、缺陷率等。同时也需要考虑测试人员在以前项目中的经验，或者其他人员的经验。测试工作量估算包含两方面的内容。

(1) 和测试对象直接相关的工作量，例如软件项目文档的学习和评审、测试分析和设计、测试实现、测试执行、测试环境准备、回归测试和确认测试等。

(2) 和测试管理相关的工作量，例如测试项目管理、测试相关的配置管理、质量管理等。这部分工作量在实际软件测试估算中经常会被遗漏，导致测试团队和测试人员在测试过程中处于超负荷的压力之下。

测试工作量估算过程中，需要考虑测试团队中不同的测试人员之间的经验和能力水平的差异，也就是说需要考虑不同测试人员的效率。测试工作量估算会受到很多因素的影响，例如如下几个因素。

(1) 产品的特点：软件项目开发的目的是提供某种服务或者某种产品。因此开发的软件系统应用领域的复杂度、可靠性和安全性方面的需求等，是相关测试工作估算的重要考虑因素。例如对于航空相关的软件系统和游戏相关的软件系统，测试工作关注的重点是不一样的，同样也会影响测试工作量的具体估算。

(2) 开发过程：软件开发团队的稳定性、采用的开发过程的成熟度、开发过程使用的工具等都会对测试工作量的估算产生影响。例如作为测试依据的系统需求说明、系统设计说明和其他工作产品的质量、软件产品的规模等都会影响测试工作量的估算。

(3) 测试过程：测试过程的成熟度等级、组织对测试的重视程度等，也是测试估算需要考虑的重要因素。

(4) 项目参与者：包括项目系统人员、开发人员、测试人员以及管理人员等，他们的知识和技能水平也是测试估算的重要输入。

为了提高测试工作量估算的效率和有效性，需要有合适的估算方法支持估算的过程。

根据以前或相似项目的度量标准来进行测试工作量的估算，或者根据典型的数据来进行估算,可以称为自顶向下的估算方法。根据测试任务的分解结构或者测试活动的分类,进行具体测试任务工作量的估算,可以称为自底向上的估算方法。

2. 自顶向下的估算过程

自顶向下的估算过程首先通过功能点或者代码行(功能点和代码行之间是可以相互转换的)估算整个软件系统的工作量。工作量估算中需要确定团队的生产效率,例如测试人员每天开发的测试用例数,该数据可以通过类似项目的数据进行估算,也可以直接来自组织的度量数据。工作量可以在开发生命周期的每个阶段,按照一定的百分比进行确定(不同阶段的工作量百分比分布,通常也是从组织的过程数据库中获得的)。

自顶向下的估算过程应该根据项目特定因素优化工作量估算,以保证项目的唯一性和体现不同的项目特征。测试经理需要确定估算过程中需要考虑的因素,以避免影响最终的估算准确度。例如测试中工具的使用、测试环境的稳定性、人员的技能水平等都可能对测试的工作量造成影响。

自顶向下的估算过程中需要利用很多以前项目的经验数据,例如组织内的平均工作效率。同时它也和组织内采用的软件开发过程和测试过程紧密相关,例如测试过程是否贯穿于整个软件开发过程。

假设某项目所有活动计划的工作量是 42PW(人周)。根据组织内对测试的定位,以及不同的产品类型,依据不同开发活动的比例,得到测试相关的工作量,如表 5-2 所示。

表 5-2 各个开发活动的工作量分布表

ID	开发活动	百分比/%	工作量/PW
A1	系统架构	10	4.2
A2	系统设计	15	6.3
A3	代码实现	25	10.5
A4	测试活动	40	16.8
A5	收尾活动	10	4.2
TOTAL		100	42

因此,可以得到测试工作量的估算结果是 16.8PW。

3. 自底向上估算方法

自底向上的估算方法通常是分解测试过程,然后进行估算的一种方法。采用自底向上的估算方法,测试经理首先需要将测试过程分解成不同的测试活动。针对每个不同的测试活动或者测试任务定义三个不同的难易级别:简单、中等和复杂。同时针对每个测试活动得到它们各自的工作量估算,所有测试活动的工作量之和就是整个项目的总的测试工作量估算。

采用自底向上估算过程对整个项目的测试工作量进行估算的步骤主要如下。

(1) 根据组织的标准和原则将测试任务或测试活动按简单、中等和复杂进行划分。

(2) 根据组织层面的过程数据库或者类似项目的数据,确定测试团队的平均度量数据,例如每天设计的测试用例数目。

(3) 确定测试用例数量,得到每个测试活动的工作量估算。

(4) 所有测试活动或测试任务的总和,就是项目的总体测试任务的工作量估算。

(5) 根据项目特征,做一些相应的修改,以提高工作量估算的准确性。

自底向上的估算过程,首先需要得到项目各个活动或者任务的工作量估算,从而整合得到整个项目的工作量估算。也就是说,自底向上的估算过程得到的整个工作量是由每个测试工作任务组成的。自底向上的估算过程也可以是基于活动进行的。在这种情况下,首先估算主要测试活动的工作量,然后进行非主要测试活动的工作量估算,从而得到整个项目的测试工作量估算。

尽管软件规模对很多测试活动的工作量估算也起到重要作用,但是这个方法并不考虑软件的规模。相反,需要的是测试任务列表,一般而言,确定测试任务列表相对比较容易。自底向上估算方法的一个风险是可能在测试任务列表中遗漏一些任务。

如图 5-1 所示。以某网上购书系统为例,讲解根据测试任务进行自底向上的估算过程。首先确定网上购书系统中测试的主要功能点如下。

(1) 前台销售系统:主要包括用户管理、图书展示、图书检索、购物车和用户订单几个功能模块。

(2) 后台管理系统:主要包括账户管理、会员管理、图书管理、订单管理和数据统计几个功能模块。

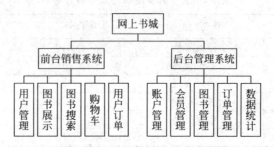

图 5-1 网上购书系统功能框图

确定了测试功能点之后,实际上就是明确了测试范围,接下来确定针对这些测试范围需要进行的测试活动。不同的组织有不同的测试策略,不同的项目也有不同的测试活动。这里是采用 ISTQB 标准的测试过程活动,因此在这个网上购书系统中,测试活动包含的内容有:

(1) 测试计划和控制。

(2) 测试分析和设计。

(3) 测试实现和执行。

(4) 评估出口准则和报告。

(5) 测试结束活动。

最后是确定度量和度量标准,可以根据以前项目的经验和数据,确定测试效率。例如在进行静态评审时,评审的效率是 20 页/小时还是 10 页/小时;在测试用例设计时,每天设计的测试用例数目;测试执行时,每天执行的测试用例数目等。

根据测试活动和度量数据,就可以进行详细的工作量估算,这就是自底向上的工作量估算过程。

在进行自底向上的测试估算时,需要考虑以下因素。

(1) 测试的类型、测试用例的数目、测试对象的复杂程度、测试的强度等。

(2) 测试环境的复杂程度和可控程度,以及测试对象的可安装程度和可配置管理程度。

(3) 根据预期的缺陷发现数目,针对每个测试级别,估算确认测试和回归测试的工作量。

(4) 测试过程的成熟度,测试过程中采用的方法、技术和工具的复杂程度等。

(5) 测试依据的质量。

(6) 测试过程中需要输出的测试工作产品以及其质量要求。

(7) 其他项目历史数据和当前项目的相似程度。

(8) 以前项目采用的解决方案在当前项目中的可重用性。

(9) 被测系统的质量,若被测系统的质量非常差,达到测试计划中定义的测试出口准则可能会非常困难,或者说要想达到测试出口准则需要付出的测试工作量将非常巨大。

(10) 交付被测系统的时间点。

(11) 已经完成的测试级别或测试阶段的质量情况。

在进行具体的工作量估算时,也需要考虑不同的测试活动。具体的测试活动如下。

(1) 测试计划:制订测试计划的工作量和时间要求,以及测试估算本身的工作量也应该考虑在内。

(2) 测试分析和设计:包括测试技术和测试工具学习、测试设计说明和测试用例说明的编写等。

(3) 测试实现:包括测试数据的准备、测试环境的搭建、测试用例实现自动化、测试规程说明编写等。

(4) 测试执行:包括测试用例执行、事件报告提交、确认测试和回归测试等。

(5) 测试过程监控:包括测试度量相关的数据收集和分析、出口准则评估等。

(6) 测试报告:包括评估测试结果、编写测试报告等。

(7) 测试结束活动:包括经验教训的总结、测试工作产品的归档等。

(8) 测试人员培训:包括测试技术、测试过程、产品应用领域知识和测试工具等方面的培训。

(9) 项目成员之间的沟通:包括 E-mail 沟通、项目状态会议、事件报告会议、变更控制会议、部门会议等。

上面的这些测试工作活动,测试团队必须对它们进行明确的识别,并且进行单独的估算。测试活动需要尽量地细化,避免出现单个测试活动占用太多工作量的情况。测试活动粒度太大的话,一方面估算的偏差可能扩大,另一方面也不利于后面的监控。

有些测试活动的估算是非常困难的。为了提高估算的精度,必须对所采用的估算技术和假设条件文档化,记录每个测试活动的实际工作量,并且分析实际工作量和估算工作量之间的偏差以及偏差的原因。

另外,估算还与测试团队的成熟度有关,例如:

(1) 测试经理在进行测试项目的工作量估算时,需要和测试团队中的成员进行实时的讨论。最好是直接召集测试任务的相关责任人一起进行具体的工作量估算。不同成员估算得到的工作量可以进行平均取值,或者分别将工作量的最大值和最小值作为测试工作量的最坏情形和最好情形。

(2) 测试工作量的估算不仅仅依赖于参与估算人员的经验和知识水平,同时在很大程度上也依赖于其工作热情。

(3) 组织的质量方针和测试方针同样会影响测试工作量的估算。

(4) 被测软件的质量和开发团队的成熟度,也会影响测试工作量的估算。例如,开发团队成熟度低、充满缺陷的软件系统,需要的测试工作量可能会成倍地增加。

不管是自顶向下的估算过程还是自底向上的估算过程,都需要得到一些项目的信息。对自顶向下的过程,需要项目的规模信息;对自底向上的过程,需要测试工作任务列表。在很多的时候,自顶向下的估算过程和自底向上的估算过程是互补的。两者的共同点是随着项目的进展,得到的项目信息越多,相应的估算准确性越高。例如,在测试计划阶段,估算测试规模很困难,并且精度不高,但在测试设计完成后,估算应该会更精确。

5.2.6 测试策略/测试方法

在特定项目中,测试方法是测试策略的具体实现。测试方法是在测试计划和设计阶段中被定义并逐步细化的。它通常取决于(测试)项目目标和风险评估。它是规划测试过程、选择测试设计技术和应用的测试类型以及定义入口准则和出口准则的起点。

测试方法的选择取决于实际情况,应当考虑风险、危害和安全,可用资源和人员技能、技术,系统的类型(例如客户定制与商业现货软件的比较),测试对象和相关法规。

典型的测试方法包括:

(1) 分析的方法(Analytical approaches),例如基于风险的测试,首先针对风险最高的部分进行测试。

(2) 基于模型的方法(Model-Based Approaches),例如随机测试、利用失效率(如可靠性增长模型)或使用率(如运行概况)的统计信息。

(3) 系统的方法(Methodical Approaches),例如基于失效的方法(包括错误推测和故障攻击),基于检查表的方法和基于质量特征的方法。

(4) 基于过程或符合标准的方法(Process-Based or Standard Approaches),例如在行

业标准中规定的方法或各类敏捷方法。

（5）动态和启发式的方法（Dynamic and Heuristic Approaches），类似于探索性测试，测试人员依赖于事件而非提前计划，而且执行和评估几乎是同时进行的。

（6）咨询式的方法（Consultative Approaches），例如测试覆盖率主要是根据测试小组以外的业务领域和/或技术领域专家的建议和指导来推动的。

（7）可重用的方法（Regression-averse Approaches），例如重用已有的测试材料、广泛的功能回归测试的自动化、标准测试套件等。

上面这些典型的测试方法并不是孤立存在的，测试过程中应该根据实际情况组合应用不同的测试方法，例如在基于质量特性的基础上，采用基于风险的测试。组织选定的测试方法应符合其需要，并可根据其特定的业务或项目特点进行合理的组合或裁剪，例如基于风险的动态方法。

如果测试方法描述了（项目和产品）风险，以及在测试过程中如何管理这些风险，那么需要对风险和测试之间的关系进行解释，并说明风险应对和风险管理的可选方案。

测试方法还可以描述要执行的测试级别。在这种情况下，应给出制定每个测试级别的入口准则和出口准则的概要指导，以及不同测试级别之间的关系（例如不同的测试级别对应不同的测试覆盖率目标）。

5.3 测试过程的监控

测试过程贯穿于整个软件开发生命周期，测试人员以提交缺陷报告的形式，向开发人员生成变更请求或者修复请求。开发人员修复缺陷之后，测试人员基于新的版本软件，进行确认测试（再测试）和回归测试。在每个测试级别，测试过程都会重复进行。测试经理负责发起、监视和控制这些测试周期。

根据项目的规模，可能由单独的测试经理来负责每个测试级别的测试。本节主要包括如下内容。

（1）测试过程监视。

（2）测试报告。

（3）测试控制。

5.3.1 测试过程监视

测试过程监视的目的是为测试控制提供反馈信息和可视性。监视的信息可以通过手工或自动的方式进行收集，同时这些信息可以用来衡量测试计划中定义的出口准则，例如测试覆盖率。也可以用度量数据对照原计划的时间进度和预算来评估测试的进度。常用的测试度量指标有：

(1) 测试用例准备工作完成的百分比(或按计划已编写的测试用例的百分比)。

(2) 测试环境准备工作完成的百分比。

(3) 测试用例执行情况(例如执行/没有执行的测试用例数,通过/失败的测试用例数)。

(4) 缺陷信息(例如缺陷密度、发现并修改的缺陷、失效率、重新测试的结果)。

(5) 需求、风险或代码的测试覆盖率。

(6) 测试人员对产品的主观信心。

(7) 测试里程碑的日期。

(8) 测试成本,包括寻找下一个缺陷或执行下一轮测试所需成本与收益的比较。

通过测试过程监视活动,可以收集测试时间进度、资源、成本和产品质量等信息,这些信息将有利于在测试控制活动中做出正确的决定。下面重点介绍如何对测试用例和缺陷这两类信息进行监视。

1. 测试用例

测试过程中监视测试用例的执行情况,有助于评估测试执行进度,例如测试执行是否有延迟,是否需要增加测试资源等。评估测试执行进度时,常用的度量信息有:

(1) 计划执行的测试用例数目。

(2) 实际执行的测试用例数目。

(3) 测试通过的测试用例数目。

(4) 测试失败的测试用例数目。

(5) 被阻塞的测试用例数目。

表 5-3 是一个测试执行状态的例子。

表 5-3 测试执行状态评估

模块	计划	执行	执行率	通过	通过率	失败	阻塞
模块 1	70	65	92.86%	55	78.57%	10	0
模块 2	90	90	100.00%	70	77.78%	20	0
模块 3	60	37	61.67%	35	58.33%	2	10
模块 4	50	47	94.00%	45	90.00%	2	0
模块 5	100	97	97.00%	95	95.00%	2	0
模块 6	30	30	100.00%	29	96.67%	1	0
模块 7	80	66	82.50%	65	81.25%	1	0
模块 8	90	81	90.00%	80	88.89%	1	9
合计	570	513	90.00%	474	83.16%	39	19

根据上面的测试用例执行状态的例子中提供的信息,经常会被问到下面的这些问题:当前的测试进度与测试计划比较,测试任务是否有延迟;是否需要变更测试计划;后续的测试重点是什么等。

上述例子中,假设测试执行时间为 10 周,当前表格提供的是测试截止时间前一周的数据,即测试时间剩余 1 周。测试团队和其他项目团队在分析该测试执行状态表时,能够得到一些什么样的信息,如何来指导后续的测试执行。

(1) 测试任务能按时完成吗? 总共的测试时间是 10 周,剩余时间 1 周。根据表格中提供的数据,时间已过去 90%,执行的测试用例的数目也是 90%,感觉时间进度刚好。但是,实际情况是:除了没有执行的 57 个测试用例之外,还有 39 个测试用例执行没有通过(失败),以及 19 个测试用例被阻塞。由于在剩余的 1 周时间内除了需要完成没有执行的测试用例之外,还有其他测试用例需要确认测试(再测试)和回归测试,因此,剩余的 1 周时间完成这些测试任务比较困难。制订测试计划和测试进度表时,对测试过程中发现缺陷的重现、修改缺陷之后的确认和回归测试,经常容易被忽视,从而导致测试项目在最后的阶段往往会延期,或者对测试造成很大压力。

(2) 模块 1 和模块 2 中发现的缺陷数目特别多,即测试通过率很低。根据测试中的缺陷集群效应,模块 1 和 2 应该是后续的测试重点。同时需要分析缺陷多的根本原因,例如没有重视需求阶段的评审活动、没有认真执行组件测试、模块采用了全新的技术、参与模块开发的开发人员技能上有差距(例如是新员工)等。通过缺陷的根本原因分析得到的结果,有助于改进软件开发过程和测试过程,持续提高测试效率、有效性和测试质量。

(3) 模块 3 中被阻塞的测试用例比较多,需要分析被阻塞的原因,例如是否由于被测模块中存在严重的缺陷无法解决,而导致很多相应的测试用例无法执行。假如是这种情况,修复该缺陷的优先级需要提高,督促开发人员抓紧时间进行分析和修改,否则,将严重影响测试的进度,从而影响项目的最终发布时间。

2. 缺陷

缺陷是测试过程中最重要的输出之一,包括前期文档评审过程中发现的缺陷,各个测试阶段发现的缺陷,以及在用户使用中发现的缺陷等。通过缺陷分析和评估,有助于了解被测对象的质量,也可以用来评估被测对象的可靠性,例如预测被测对象的可靠性的变化趋势。同时,也可以用来帮助确定测试重点,以及评估测试是否达到了测试出口准则等。

测试过程中经常收集的缺陷信息有各种缺陷状态的累计数量、新提交的缺陷和已修复缺陷之间的比值关系、新提交缺陷和已关闭缺陷之间的比值关系、缺陷不同优先级的分布情况、缺陷不同严重程度的分布情况等。以下是几种常用的分析缺陷的度量指标。

(1) 缺陷检测效率 DDE(Defect Detected Efficiency):DDE $= E/(E+D)$,其中,E 为软件交付之前发现的缺陷数目,D 为交付后发现的缺陷数目。缺陷检测效率 DDE 是定义过程效率和项目质量的主要度量。团队的目标是努力实现 DDE $= 1$,虽然这个很困难。根据以前项目的 DDE 数值,可以估算当前项目的 DDE,并且指导具体测试活动。实际上 DDE 不仅仅可以应用于整个软件开发过程,同时也适用于软件开发过程中的任何一个阶段或者活动。这是考核测试完成质量的一个重要指标。

(2) 缺陷移除效率 DRE(Defect Removal Effectiveness)：$DRE = R/D$，其中，R 为关闭的缺陷数目，D 为发现的总缺陷数目。DRE 是衡量开发修正缺陷效率的一个主要指标。目标是使 $DRE = 1$。

(3) 静态测试发现缺陷比例：静态测试发现的缺陷占整个测试团队发现的缺陷比例。

(4) 测试效率(Test Efficiency)：指标可以是发现一个缺陷需要花费多少人小时。

(5) 基于代码行的测试有效性：指标可以是每千行代码发现的缺陷数目。

(6) 基于测试用例的测试有效性：指标可以是每个测试用例发现的缺陷数目。

缺陷信息可以通过缺陷管理系统进行收集，通过分析和评估这些信息，可以回答测试过程中的问题。例如是否满足了测试计划中设置的测试目标，是否发现了足够多的缺陷，哪个测试阶段或级别发现的缺陷数目最多，是否满足了测试出口准则或者是否可以结束测试。下面通过具体的例子，对缺陷度量的信息进行分析。

1) 缺陷按阶段分布

图 5-2 是组织层面发现的缺陷在不同阶段的分布图。它代表的是一个组织的能力曲线，而不是某个具体项目的数据，是进行具体项目分析和评估的基础。图中的横坐标表示开发生命周期的各个阶段；图中的纵坐标可以是缺陷的个数，也可以是按照缺陷的严重程度分配不同的权重而得到的数值。

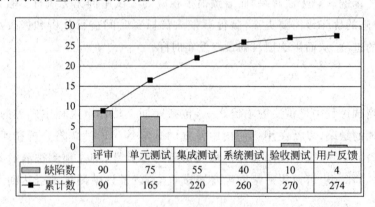

图 5-2　缺陷按发现阶段分布图

2) 基于缺陷状态的累计缺陷数目

图 5-3 是每周得到的基于缺陷状态的累计缺陷数目统计。针对累计缺陷数目的统计信息，可以考虑以下两个方面问题。

(1) 总的缺陷数目的变化趋势，是明显增加还是趋于平缓。

(2) 已解决的缺陷数目的变化趋势。如果已解决的缺陷数目增加很快，说明有很多已经修复的缺陷正等待测试人员的确认测试，并考虑相应的回归测试。

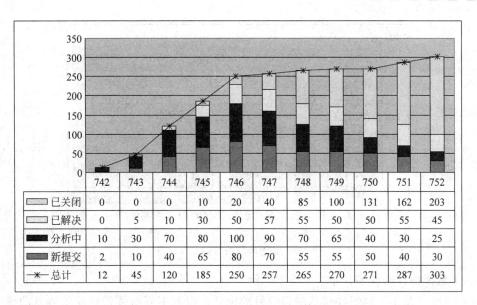

图 5-3　基于缺陷状态的累计缺陷数目统计

3）基于缺陷严重程度的累计缺陷数目

图 5-4 是基于缺陷严重程度的累计缺陷数据统计。根据这个数据统计,可以得到的信息是严重程度为 1 和 2 的缺陷数目在总的缺陷数目中的比例,从而确定是否需要更多的资源解决这些问题、这些缺陷是不是会影响后续的测试任务,以及这些缺陷对客户的影响程度等。

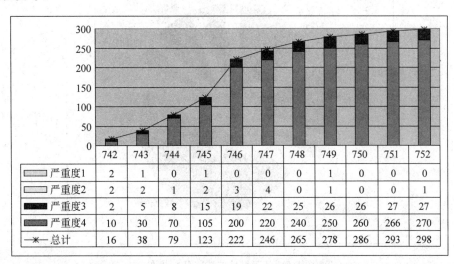

图 5-4　基于缺陷严重程度的累计缺陷数据统计

4）基于不同阶段的缺陷分布

图 5-5 是基于不同的阶段得到的缺陷分布情况,包括在评审、组件测试、集成测试、系统测试、验收测试和用户反馈阶段的缺陷数目。根据图 5-5 中的缺陷分布情况,可以计算早期发现缺陷的比例,同时也可以计算缺陷检测效率。

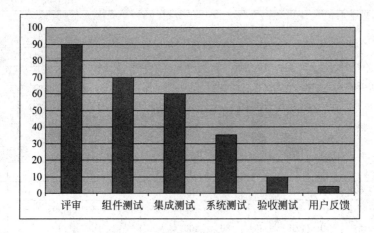

图 5-5　基于阶段的缺陷分布统计

5）基于组件的缺陷分布

图 5-6 是基于不同组件得到缺陷数目的统计。根据不同组件发现缺陷数目的统计，可以确定什么组件中发现的缺陷数量比较多，或者哪个组件中发现的缺陷和预测的缺陷数目相差很大。根据测试的集群效应，大部分缺陷集中在少部分组件中。同时需要分析产生这个现象的原因：是因为这个组件的设计采用了新的技术，还是在前期的评审、组件测试中没有很好地把握质量，或是由于开发人员没有经验等。

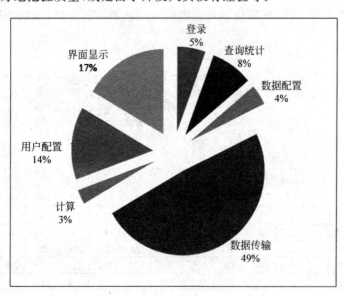

图 5-6　基于组件的缺陷分布状态

6）基于测试类型的缺陷分布

图 5-7 是基于测试类型得到的缺陷分布状态。对缺陷按照测试类型分布的分析有助于了解测试的充分性和产品的质量。例如虽然在基本功能方面发现了大量的缺陷，但是在兼容性、性能等其他方面基本没有发现缺陷，这种情况下虽然发现的缺陷数量很大，但

是并不能说明已经测试充分,一些针对产品非功能性的测试很有可能没有运行或者测试不充分。

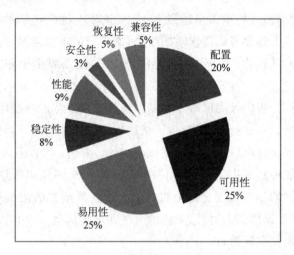

图 5-7 基于测试类型的缺陷分布状态

5.3.2 测试报告

测试报告指的是对软件系统或组件进行测试产生的行为及结果的描述文件。测试报告以文档的形式,描述了被测对象的测试情况和测试结果,并对相关的结果和数据进行分析,向管理层提供信息和建议。测试报告是测试活动的一个重要输出,必须得到管理层的批准,才能够成为正式的测试文档。

由于测试的级别不同,测试报告的内容有所不同。例如组件测试报告、集成测试报告、系统测试报告、验收测试报告,这些报告在提交人、读者、报告产生的阶段、报告的关注点、报告的依据和报告审核人方面可能各不相同。

测试报告中描述的结论来自相关测试活动的记录文档,而不是凭空得出的。测试报告需要参考的文档也会因不同的测试级别而有所差别,主要可以参考的文档有测试计划、测试设计说明、测试用例说明、测试规程说明、事件报告和测试日志等。测试报告中需要对度量数据进行分析,例如测试用例执行度量数据、缺陷度量数据、覆盖率度量数据等。

5.3.3 测试控制

测试控制是对整个测试过程(计划、分析和设计、实现和执行、评估出口准则和测试报告、测试结束)进行控制,根据测试计划以及收集和报告的测试信息采取应对措施。应对措施可以针对任何测试活动,也可以包括软件开发过程中的其他活动。下面通过一些例子来说明测试控制活动是如何开展的。

通常来讲,系统测试用例对系统需求的覆盖率要达到100%。当测试用例设计完成后评估这个覆盖率,如果没有达到100%的覆盖率,就需要针对遗漏的需求增加测试用例,以保证测试用例对需求的覆盖率达到100%。就算达到对所有需求100%的覆盖,也不能保证测试的完整。还要考虑需求项的组合,需求项的正向测试(有效性测试)和逆向测试(无效性测试/健壮性测试)等。在实际测试中,可能需要多个测试用例覆盖同一个需求。

如果在测试执行过程中被测试版本在基本功能方面经常发现缺陷,导致很长一段时间内大量的测试用例无法执行,严重影响测试进度。在这种情况下,可以暂停测试,同时对恢复准则进行更新。也可以采用冒烟测试(预测试)方法:测试团队和开发团队共同挑选一些覆盖基本功能的测试用例,每次当被测试版本提交测试团队进行正式测试之前,必须保证这些预测试的测试用例全部通过。由于这些预测试的测试用例是从原来的测试用例中挑选的,所以预测试通过后,对应的一些测试用例就可以直接标识为测试通过,避免同样的测试用例被重复执行。

如果在测试执行过程中对缺陷进行分析时,发现的缺陷大部分是功能性的,而不是非功能性的(如兼容性、性能、可移植性等方面的缺陷)。这种情况下,就需要对执行的测试用例进行分析:是因为软件版本质量比预期的好,还是因为缺乏相应的非功能性测试用例。如果是由于测试用例不完善造成的,则需要对测试用例进行补充。

5.4 配置管理

配置管理的目的是在整个项目和产品的生命周期内,保障并维护软件或系统产品(组件、数据和文档)的完整性。配置管理往往包含了版本控制、变体控制、访问控制以及配置控制。

对测试而言,采用配置管理可以确保:

(1) 测试件(Testware)的所有相关项都已经被识别、版本受控,它们相互之间有关联的变更,以及和开发项(测试对象)之间有关联的变更都可跟踪,从而保证了可追溯性。

(2) 在测试文档中,所有被标识的文档和软件项能被清晰明确地引用。

对于测试人员来说,配置管理可以帮助他们唯一地标识(并且复制)测试项、测试文档、测试用例和测试用具(Test Harness)。

在测试计划阶段,就应该选择和确定配置管理的规程和相应的工具,将其文档化并在以后的阶段予以实施。

软件开发过程中,需求变更是经常发生的。随着对软件产品的理解的不断深入,需要对工作产品进行修改或者更新。开发过程中的修改和变更,都会对测试工作产品产生影响,例如不同的人对同一个文档进行修改,如何控制文档版本是一个需要考虑的问题。

测试团队往往都是协同工作，共同完成一些文档，例如测试用例的设计和编写，如果没有配置管理中的访问控制的保障，往往会相互覆盖对方的工作内容而造成重大损失。

在测试过程中，当发现一个缺陷时，应该记录用哪个测试用例发现这个缺陷、此测试用例所参考的文档和标准、被测对象的版本、发现这个缺陷的测试环境（操作系统、补丁、工具、其他软件以及硬件架构等）等。如果是自动执行测试，则还要记录测试脚本。而这些又都在动态地变化着，文档和被测对象的版本也在不断更新，随着测试项目规模和复杂度的不断增大，测试过程如果没有很好的配置管理的支持，要保持它们之间的关联性和可追溯性，几乎是不可能的。现在很多的测试管理工具都提供配置管理的功能。

配置管理是项目管理的重要组成部分。测试团队应该利用配置管理控制测试过程中的变更，保持它们的关联性和可追溯性，确保工作产品的完整性。

5.5 风险和测试

风险可以定义为事件、危险、威胁或情况等发生的可能性以及由此产生的不可预料的后果，即一个潜在的问题。风险级别取决于发生不确定事件的可能性和产生影响的程度（事件引发的不良后果）。

测试主要关注两方面的风险，即项目风险和产品风险。前者与测试项目密切相关，重点关注那些会影响到测试项目按时按质完成的风险，而后者与被测的软件组件或系统密切相关，主要关注组件或系统的哪些区域会有质量问题。

5.5.1 项目风险

项目风险是围绕项目按目标交付的能力的一系列风险，影响项目风险的因素主要有如下几个。

(1) 组织因素：

① 组织内人员的技能、组织对培训的重视程度和组织内人员的不足都会影响到项目的进展和质量。

② 组织内的个人问题同样会对项目按时按质的完成造成影响。

③ 组织的政策因素，例如与测试人员进行需求和测试结果沟通方面存在的问题、测试和评审中发现的信息未能得到进一步跟踪（如未改进开发和测试实践）。

④ 对测试的态度或预期不合理（例如没有意识到在测试中发现缺陷的价值）。

(2) 技术因素：

① 不能定义正确的需求，使得需求文档的质量低下，无法实现高质量的测试。

② 给定现有限制的情况下，没能满足需求的程度。
③ 测试环境没有及时准备好。
④ 数据转换、迁移计划，开发和测试数据转换/迁移工具造成的延迟。
⑤ 低质量的设计、编码、配置数据、测试数据和测试。
（3）供应商因素：
① 第三方存在的问题。
② 合同方面的问题。

在分析、管理和缓解这些风险时，测试经理需要遵循完善的项目管理原则。《软件测试文档标准》(IEEE Std 829—1998)中指出，测试计划需要陈述风险以及制定相应的应急措施。

5.5.2 产品风险

在软件或系统中的潜在失效部分(即将来可能发生不利事件或危险的部分)称为产品风险，因为它们对产品质量而言是一个风险，包括：
（1）故障频发的软件产品或软件系统交付使用。
（2）软件/硬件对个人或公司造成潜在损害的可能性。
（3）劣质的软件特性(例如功能性、可靠性、易用性和性能等)。
（4）低劣的数据完整性和质量(例如数据迁移问题、数据转换问题、数据传输问题、违反数据标准问题)。
（5）软件没有实现既定的功能。

产品风险通常可以用来决定从什么地方开始测试(制定优先级)，什么地方需要更多的测试。测试可以用来降低产品风险或可以减少负面事件的影响。

在项目初期，使用基于风险的方法进行测试，有利于降低产品风险的级别。它包括对产品风险的识别，以及将这些风险应用到指导测试计划和控制、编写各种测试说明、测试准备和执行中。在基于风险的测试方法中，识别出的风险可以用于：
（1）决定采用的测试技术。
（2）确定要进行测试的范围。
（3）制定测试的优先级，尝试尽早地发现严重缺陷。
（4）核定是否可以通过一些非测试的活动来降低风险(例如对缺乏经验的设计者进行相应的培训)。

基于风险的测试需要借助于项目利益相关者的集体知识和智慧，从而识别风险以及为了应对这些风险需要采用的测试活动。

为了确保产品失效的可能性和影响最小化，风险管理活动提供了一些系统化的方法：
（1）评估(并定期重新评估)可能出现的错误(风险)。

(2) 决定哪些风险是重要的、需要处理的。

(3) 处理风险的具体措施。

风险管理是一个系统化的过程,主要包括以下活动。

(1) 风险识别:持续识别可能出现的风险,识别风险是风险管理活动的基础,有多种识别风险的方法,如基于经验的风险评估法、基于头脑风暴的风险评估法等。风险识别的目的是尽早并持续发现风险。

(2) 风险分析:主要是对已经识别的风险进行分析和分类,并确定风险的优先级,即哪些风险是重要的和需要优先处理的。可以采用不同的分类方法,如按风险影响的时间可分为短期、中期和长期风险;也可按风险的可能性大小进行分类。对风险划分优先级的方法也有定量分析法和定性分析法,主要对风险的可能性以及发生后造成的损失程度进行分析后,确定风险的优先级。

(3) 风险缓解和消除:在风险识别和风险分析的基础上,考虑处理风险的具体措施。首先要找到风险的源头,采取相应措施从根本上消除风险。但是在实际中很难消除所有的风险,需要根据风险的不同优先级制定不同的风险缓解和应急措施。尤其是对高优先级的风险不仅要制定缓解策略,还要制定详细的应急措施,而对低优先级的风险可能只需制定缓解策略和粗略的应急措施。

另外,测试可以帮助识别新的风险,例如,通过测试,发现在软件系统的某个区域内有很多缺陷,这个区域就是个新的风险。测试过程中发现缺陷并修改缺陷,就是减低了系统的风险。通过测试还可以降低风险的不确定性。例如,原先认为系统的某个功能因采用新技术而存在风险,但通过测试评估后发现此功能模块的质量很好,这就解除了风险的不确定性。测试还为风险分析提供反馈,使得对风险的预测更为准确,以及通过测试能对风险缓解措施的有效性进行评估。

在测试的计划阶段就应该开始对风险进行管理,并且把风险管理计划作为测试计划内容的重要部分。测试风险管理对风险进行识别、分析并根据风险的可能性和影响程度对风险划分优先级,然后根据优先级制定风险的缓解措施和应急措施。测试风险管理由测试经理负责,需要测试团队中所有成员的积极参与,同时也需要从测试团队外部的人员中得到一些风险的信息和反馈(例如项目开发人员、软件质量保证人员等)。

风险管理有如下几个特点。

(1) 风险管理应该是系统化的过程:从风险识别到风险应对,风险管理是控制所有可能对测试造成影响的因素的过程。

(2) 风险管理应该是个主动的过程:测试风险管理的目的是尽量减少对测试目的不利事件发生的可能性和影响程度。因此,它是一种积极预防的过程,即主动的过程。

(3) 风险管理应该是个持续的过程:测试风险管理是一个持续的过程,应该贯穿于整个测试过程。

5.6 事件管理

事件是指测试过程中出现的、非正常的,并在此后的测试过程中还要加以关注的任何事情。测试过程中发现的缺陷或失效都属于事件。本节主要关注事件中的缺陷,事件管理的重点也在缺陷管理上。

尽早发现缺陷能有效降低修改缺陷的费用,尽早发现缺陷也是软件测试的一个重要目的。测试过程中发现实际结果和预期结果之间存在的差异,需要作为事件被记录。若经过调查发现该事件是一个缺陷,则需提交缺陷报告,要求开发人员进行缺陷定位和修复。在软件产品的开发、评审、测试和使用的过程中都会发现缺陷。软件开发过程中的各类工作产品都可能存在缺陷,例如概要设计说明、详细设计说明、测试计划、测试用例、代码、帮助或安装手册等。

缺陷从被发现、被提交(缺陷报告)、进行分析、被修改、对修改的确认(确认测试),直到最终缺陷被关闭形成了缺陷从诞生到结束的生命周期,在整个缺陷生命周期内需要对缺陷进行有效的跟踪和管理。为了保证能够监控所有的缺陷,组织内需要建立一套完整的过程和规则。

测试经理和测试人员都需要了解和掌握缺陷管理的过程,两者在缺陷管理过程中的职责和关注点会不一样。测试经理主要关注缺陷管理过程中的识别、跟踪和移除缺陷的方法。而测试人员主要关注如何在测试过程中正确发现和记录缺陷,并对缺陷进行确认测试(再测试)和相关的回归测试。

对缺陷的有效管理对评估和改进产品质量、测试过程、开发过程等都有重要意义。在缺陷管理过程中起着关键作用的是缺陷报告,缺陷报告的主要目的和作用有:

(1) 为开发人员和其他人员提供问题反馈,在需要的时候可以鉴别、隔离和纠正这些缺陷。

(2) 为测试经理提供被测试系统的质量信息,并作为调整测试进度的依据。

(3) 为测试过程改进提供第一手资料。

5.6.1 缺陷状态和相关角色

缺陷从被发现开始到最终解决之间可能处于多个不同的状态。同时,各个缺陷状态需要有不同角色的人员进行操作和处理,各个角色的职责也不一样。下面通过一个案例阐述缺陷生命周期中的主要状态和角色。

本节介绍一个根据 IEEE Std 1044—1993 制定的缺陷生命周期案例,如图 5-8 所示。图 5-8 是某项目的缺陷生命周期中的缺陷状态转换图。下面分别阐述缺陷生命周期中的缺陷状态、相关人员角色、缺陷的严重程度和处理缺陷的优先级。

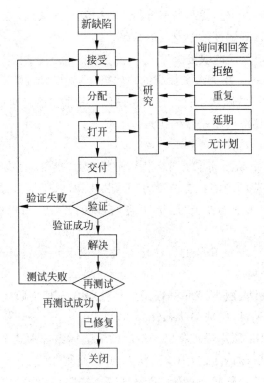

图 5-8　缺陷状态转换图

1. 相关角色

（1）测试人员：主要是指发现和报告缺陷的测试人员。通常情况下，测试人员需要对该缺陷后续相关的状态负责，包括回答相关人员对这个缺陷信息的询问，以及在正式版本上进行确认测试（再测试）和回归测试。

（2）开发人员：主要指对缺陷进行研究和修复的开发人员。开发人员将修复后的缺陷提交测试人员正式确认测试（再测试）之前，需要对修改后的缺陷在开发环境上进行验证。

（3）缺陷评审委员会：主要由项目经理、测试经理、质量经理、开发经理以及资深的开发人员、测试人员等组成。他们对缺陷进行确认，并将其分配给相应的开发人员进行修复，同时对有争议的缺陷进行仲裁。

（4）版本经理：负责将已经解决的缺陷相关的配置信息合并到新的版本。

2. 缺陷状态

（1）新缺陷（New）：软件中新发现的缺陷通常由测试人员提交。当然也可能由开发人员自己在组件测试或代码走读过程中提交，还有可能是从软件使用的最终用户或使用现场反馈得到的缺陷报告。具体可能发现缺陷的阶段有：

① 需求和设计阶段：文档评审过程中发现的缺陷。

② 编码阶段：代码评审和代码静态分析过程中发现的缺陷。

③ 测试阶段：动态测试过程中发现的缺陷。

④ 使用阶段：用户反馈的缺陷。

(2) 接受(Accepted)：相关人员提交的缺陷报告，需要经过缺陷评审委员会的评审。缺陷报告评审通过后，将缺陷状态置为接受。缺陷评审委员会评审的主要内容包括：

① 缺陷报告中描述的问题是否确实是一个缺陷。

② 提交的缺陷报告是否符合要求。

(3) 分配(Assign)：缺陷评审委员会将缺陷状态为"接受"的缺陷分配给相关人员进行问题定位和修复，相应的缺陷状态被置为"分配"。

(4) 打开(Open)：当缺陷处于"打开"状态时，说明开发人员已经开始对该缺陷进行修复。

(5) 交付(Deliver)：解决缺陷的方法已经找到，并且已经将修改后的代码等打上标签，交付给版本经理。

(6) 解决(Resolved)：版本经理将相关的标签等合入某个版本，交付给相关的开发小组进行验证，若测试通过，则缺陷状态置为"解决"。

(7) 已修复(Fixed)：版本经理将已经解决的缺陷标签合入某个版本，交付给相关的测试小组进行确认测试，测试通过，则缺陷状态为"已修复"。

(8) 关闭(Closed)：缺陷状态处于"已修复"后，缺陷评审委员会对整个缺陷修复过程进行评审，评审通过后将缺陷状态修改为"关闭"状态。

上面介绍的缺陷状态是缺陷管理过程中主要的状态，或者是缺陷处理顺利时所经历的状态。实际上，缺陷管理过程中还可能有一些其他的状态，分别是：

(1) 研究(Investigate)：当缺陷分配给开发人员时，开发人员并不是都能直接找到相关的解决方案。开发人员需要对缺陷和引起缺陷的原因进行调查研究，这时候可以将缺陷状态置为"研究"状态。

(2) 询问和回答(Query&Reply)：若负责缺陷修复的开发人员认为缺陷描述的信息不够明确，或希望得到更多与缺陷相关的配置和环境条件等，可以将缺陷状态置为"询问和回答"。

(3) 拒绝(Declined)：缺陷评审委员会通过讨论研究，认为提交的问题不是缺陷；或通过开发人员的研究分析，认为其不是缺陷，开发人员可以将具体的理由加入到缺陷描述中，缺陷评审委员会据此将缺陷状态修改为"拒绝"。

(4) 重复(Duplicated)：缺陷评审委员会认为该缺陷和某个已经提交的缺陷描述的是同一个问题，可以将该缺陷状态置为"重复"。

(5) 延期(Deferred)：缺陷不在当前版本解决。

(6) 无计划(Unplanned)：在用户需求中没有要求或计划。

3. 严重程度

缺陷的严重程度指的是若缺陷没有修复，软件缺陷对软件质量的破坏程度，即此软件缺陷的存在对软件功能特性和非功能特性产生的影响。缺陷的严重程度关注的是缺陷引发的问题对客户的影响程度。在给缺陷确定严重程度时,应该从软件最终用户的角度进行判断,即根据缺陷会对用户使用造成的影响程度来确定。软件缺陷的严重程度和缺陷发生的可能性没有直接的关系。一般而言,缺陷的影响越大,缺陷的严重程度越高。下面是一个划分缺陷严重程度的例子,在此例子中,缺陷严重程度被分为4个等级。

(1) 严重程度1(致命的)。产品在正常的运行环境下无法给用户提供服务,并且没有其他的工作方式可以补救;或者软件失效会造成人身伤害或危及人身安全,例如:

① 问题会自发地影响系统的数据传输。
② 用户使用正常的操作步骤,就会影响系统提供的服务。
③ 软件的操作系统崩溃,造成数据的丢失。
④ 无法提供系统的主要功能。
⑤ 可能会造成人身伤害。

(2) 严重程度2(严重的)。极大地影响系统提供给用户的服务,或者严重影响系统要求或者基本功能的实现,例如:

① 系统中的部分组件会自动重启,但没有影响系统所提供的传输性能。
② 用户使用正常的操作会导致系统重启或挂起,但不影响系统的数据传输。
③ 软件的某个子菜单不起作用,或者会产生错误的结果。

(3) 严重程度3(一般的)。系统功能需要增强或存在缺陷,但有相应的补救方法解决这个缺陷,例如:

① 系统的某个功能失效,但系统没有提供相应的警告。
② 功能特征设计不符合系统的需求,不影响系统的业务,并且有相应的补救方法。
③ 本地化软件的某些字符没有翻译或者翻译错误。

(4) 严重程度4(轻微的)。细小的问题,不需要补救方法或对功能进行增强;或者操作不方便,容易使用户误操作,例如:

① 上报的信息不符合系统的需求,描述不精确或可能对用户有些误导。
② GUI界面问题,不精确或可能产生歧义。

4. 优先级

优先级是处理软件缺陷的先后顺序的指标。确定缺陷的优先级更多的是站在软件开发和软件测试的角度进行考虑。确定缺陷的优先级有时候可能并不是纯技术的问题,还需要考虑修复缺陷的难度和存在的风险。因此,缺陷优先级的确定是一个复杂的过程。优先级的确定也需要考虑缺陷发生的频率和对目标用户的影响。下面是一个划分缺陷优先级的例子,在这个例子中对缺陷的优先级划分为4个等级:

(1) 优先级1(立即修改):由于该缺陷的存在,导致开发活动或测试活动无法继续。该问题需要立即修复,或必要的话采取临时措施(如打补丁的方式)。

(2) 优先级2(下次发布前修改):在下次常规的产品发布或下次(内部)测试对象版

本交付前实施修正。

（3）优先级3(必要时修改)：在受影响的系统部件进行修订时进行修正。

（4）优先级4(未决)：尚无修正计划。

缺陷的严重程度和优先级是含义不同但相互联系密切的两个概念，它们从不同方面描述了软件缺陷对软件质量、用户、开发过程的影响程度和处理方式。一般来说，严重程度高的缺陷具有较高的优先级。严重程度高说明缺陷对软件造成的质量危害性大，需要优先处理，而严重程度低的缺陷可能只是软件的瑕疵，可以稍后处理。但是优先级和严重程度并不总是一一对应的，也存在优先级低但严重程度高的缺陷，或者优先级高但严重程度低的软件缺陷。

修改软件缺陷并不是纯技术的问题，有时候需要考虑软件版本发布和质量风险等因素。下面是关于缺陷严重程度和优先级设置方面的一些建议。

（1）如果某个严重的缺陷只在非常极端的条件下才会出现，则可以将缺陷的优先级设置得比较低。

（2）如果修正一个软件缺陷需要重新修改软件的整体架构，可能会产生更多的潜在缺陷，而且市场要求尽快发布软件版本，那么即使这个缺陷严重程度很高，也需要仔细考虑是否需要修改。

（3）对于有些缺陷，可能它的严重程度很低，例如界面单词拼写错误，但假如这是公司的名称或者商标，则这个缺陷的优先级就很高，必须尽快进行修复，因为这关系到软件系统和公司在市场上的形象。

正确区分和处理缺陷严重程度和优先级，是软件质量保证的重要环节。因此，正确处理和区分缺陷的严重程度和低优先级是所有的软件开发和测试相关人员的重要职责，需要正确理解缺陷严重程度和优先级的含义，同时认识到这是保证软件质量的重要环节，应该引起足够的重视。将比较轻微的缺陷设置成高严重程度和高优先级的缺陷，夸大缺陷的严重程度，将影响软件质量的正确评估，耗费开发人员辨别和处理缺陷的时间；而将严重的缺陷报告成低严重程度和低优先级的缺陷，这样会掩盖许多严重的缺陷。如果在项目或者软件发布前，发现还有很多由于不正确分配优先级造成的严重缺陷，将需要投入很多人力和时间进行修改，影响软件的正常发布；或者严重的缺陷成为漏网之鱼，随着软件一起发布出去，就会影响软件的质量、降低用户使用软件的信心。

5.6.2　缺陷报告和跟踪

缺陷管理生命周期由缺陷识别、缺陷调查、缺陷改正和缺陷总结4个阶段组成。对于每个阶段，分别由记录、分类和确定影响三个活动组成，这三个活动的对象是缺陷报告的组成要素。不同的组织或项目，可以将 IEEE Std 1044—1993 中定义的要素映射到相应的缺陷报告模板中，并且根据需要将缺陷相关的要素名称进行修改。同时，也可以根据需要对缺陷报告的组成进行裁减。

下面将从缺陷报告的组成、缺陷报告的编写和缺陷报告的跟踪三个方面对相关内容进行解释。

1. 缺陷报告的组成

缺陷描述形成的文档就是缺陷报告,它描述了与每个缺陷相关的各种信息。缺陷跟踪是记录测试过程中每个缺陷从发现到关闭的一系列状态的活动。

在软件生命周期中发现的缺陷,都建议以文档的形式,即缺陷报告的形式进行提交。有了缺陷报告和相应的缺陷管理过程的支持,才能进行有效的管理和跟踪缺陷,并为过程控制和过程改进提供必要的信息和数据。

根据不同组织的质量方针和测试策略,缺陷报告的组成会有所不同。但缺陷报告的基本框架结构可以参考 IEEE Std 829—1998 中建议的模板。以下是缺陷报告的主要组成内容。

(1) 缺陷标识:唯一标识缺陷的标识符,缺陷标识在整个缺陷管理系统中应该是唯一的。

(2) 所属产品:缺陷所属的产品或项目。

(3) 摘要:对缺陷进行简短而清晰的描述,使缺陷相关人员可以快速了解缺陷的内容。

(4) 测试环境:包括发现缺陷的测试平台、操作系统、测试软件版本、系统配置等。

(5) 发现日期和时间:缺陷发现的日期和时间。

(6) 缺陷提交者:缺陷报告的提交者,可以是开发人员、测试人员、用户等。同时,这里也可以提供缺陷提交者的电子邮件地址,这样缺陷管理工具可以在缺陷状态发生变更的时候,直接将状态信息发送给缺陷提交人。

(7) 缺陷的优先级:可以是立即修改、下次发布前修改、必要时才修改、或可修改可不修改等。

(8) 缺陷的严重程度:缺陷造成的影响可以是致命的、严重的、一般的或轻微的等。

(9) 缺陷发现阶段:缺陷在软件开发生命周期的哪个阶段被发现,可以是需求阶段、设计阶段、编码阶段、测试阶段、实际用户使用阶段等。

(10) 缺陷复现步骤:包括发现缺陷的输入、测试步骤、期望的输出、实际的输出以及存在的异常情况等。

(11) 缺陷其他信息:发现缺陷的测试用例编号,和缺陷相关的一些日志文件、警告信息和打印信息等。

2. 缺陷报告的编写

了解缺陷报告的主要内容后,需要考虑如何编写缺陷报告。缺陷报告是测试人员在测试过程中的重要工作之一,编写良好的缺陷报告也是提高软件质量的重要保障。有效的缺陷报告,对测试团队而言具有重要的意义,主要表现在:

(1) 可以减少被开发人员拒绝的缺陷数量。
(2) 加快缺陷修改的速度。
(3) 增加测试人员测试能力的可信度。
(4) 改善开发人员和测试人员之间的团队合作。
(5) 更加高效地提高软件质量。

编写有效的缺陷报告对测试过程和软件质量很重要，一个好的缺陷报告应该考虑到如下几点。

(1) 精简：缺陷的描述应该是清晰而简要的。首先在缺陷报告中剔除不必要的内容和信息。缺陷报告中应包含所有缺陷相关的信息，并且确实是相关的。多余的信息只会使缺陷描述含糊不清。

(2) 正确：确保提交的问题确实是一个缺陷。若提交的缺陷最后证明是由于测试人员的理解错误或者配置错误引起的，久而久之可能使得测试人员在开发人员面前失去可信度，同时会对彼此之间的沟通带来一定的影响。当然，不能因为害怕提交错误的缺陷报告，就对可能出现的缺陷视而不见，这比提交错误的缺陷报告的影响更恶劣。因此，在提交缺陷报告之前，请考虑以下几个问题：

① 测试环境是否正确。
② 使用的版本是否正确。
③ 前面测试用例的配置信息是否干扰了当前测试用例的执行。
④ 网络通信是否正确。
⑤ 是否正确理解了产品的工作原理。

(3) 中立：公正地表达自己的观点，对缺陷及其特征进行实事求是的描述，避免夸张、幽默、讽刺的态度。避免在缺陷报告中带有个人感情色彩，因为这种感情色彩可能会影响团队之间的合作和沟通。

(4) 准确：准确而明白地描述一个问题，而不是仅仅对做了什么进行描述，还应该对发现了什么进行描述。

(5) 隔离：尽量寻找简短的步骤来复现缺陷，即将缺陷进行隔离。例如是在哪个模块中发现了这个缺陷，是哪个输入条件触发了这个缺陷，是哪个动作引起了这个缺陷等。对缺陷的隔离定位能力，很大程度上可以提高测试人员的可信度，同时可以提高测试效率和项目整体的效率。

(6) 推广：确定系统其他部分是否也存在同样的问题，以及使用不同的数据时是否也会出现这种问题等。测试人员在缺陷方面的推广能力，可以帮助节约开发人员修正缺陷的时间，同时提高缺陷修改的效率。

(7) 复现：确定系统是否可以复现这个缺陷，需要什么样的输入步骤来复现这个缺陷。对于能够复现的缺陷，提供简单的步骤和输入。对于难以复现的缺陷，尽量提供一些系统的警告信息、日志信息给开发人员，或者发现缺陷时，可以和开发人员一起进行跟踪调试和定位。对于实在无法复现的问题，在事件报告中明确说明，并且在后续测试中持续跟踪。

（8）证据：如同写测试用例需要从分析测试依据到确认测试条件一样，在缺陷报告中，需要提供测试的期望值和实际得到的输出值、测试依据。每个人看待问题的标准是不一样的，所以需要在同一个基础上工作，保证文档的完备性。

（9）评审：至少有一个同行，最好是一个有经验的测试人员或者测试经理，在提交缺陷报告之前阅读一遍。

3．缺陷报告的管理

缺陷管理是根据缺陷的状态来管理缺陷的整个生命周期。缺陷提交的目的是为了修正缺陷，因此缺陷管理工作的一个重要内容是按照缺陷生命周期，推动相关责任人进行相关的缺陷处理。按照缺陷的严重程度和优先级，保证缺陷能够在规定的时间内得到修复和验证，并且及时地关闭。同时根据缺陷的状态和期望修复的日期，对测试工作和测试资源进行重新计划，从而合理安排后续的测试任务和测试活动。

缺陷数据收集是缺陷管理的另一个重要工作。收集的缺陷数据包括缺陷按严重程度、发现阶段、状态等的分布情况。缺陷数据收集的目的之一是为了对数据进行分析，并且用于缺陷度量。缺陷数据分析是基于前面收集的缺陷数据。缺陷分析的目的是为了生成缺陷相关的缺陷度量，用于指导和改进开发和测试过程。

缺陷管理工作需要有合适的管理理念进行支撑。尽管开发人员和测试人员共同的目标是提交高质量的软件产品，但测试过程中开发人员和测试人员可能存在潜在的对立关系。管理人员应重视缺陷数据的正确使用，避免造成由于开发人员和测试人员之间的对立，影响开发效率。

缺陷管理过程中，开发人员和测试人员之间建立相互信任关系非常重要。有效的沟通可以在缺陷管理中避免项目利益相关者之间的相互指责，支持收集和解释目标信息。缺陷报告的准确性、合理的分类和客观的表述有助于改善缺陷报告提交人员和缺陷修复人员之间的关系。测试人员应考虑到缺陷的重要性，并提供可用的客观信息。下面是一些改善缺陷管理的建议。

（1）缺陷报告不针对个人，而且在缺陷中不要掺杂个人感情因素，而应该采用中立的缺陷表述。

（2）按照缺陷报告编写要求提交缺陷报告，尽量利用现成的缺陷报告模板。

（3）如果开发人员对缺陷报告存在异议，那么需要仔细考虑他们的意见，在必要的时候可以通过缺陷评审委员会来裁决。

缺陷管理过程中，测试人员还需要注意其他一些常见的问题。

（1）是否是缺陷：开发人员和测试人员对于缺陷的认定可能存在不同的意见。开发人员认为是正常的功能，而测试人员可能认为是一个缺陷。

（2）缺陷无法复现：确实存在一些无法复现的缺陷，特别是在系统测试过程中，有些缺陷的复现可能需要非常复杂的操作组合。无法复现的问题还包括那些虽然没有进行任何的修复工作,但好像在其他缺陷修复后的新版本中,这个缺陷自动消失了。如果缺陷难以解决,那么直到确定缺陷消失为止,都应该一直保持缺陷报告有效。

(3) 缺陷优先级问题:缺陷优先级的量化很困难。当缺陷被分配低优先级时,常规的做法是延迟对它的修复。所带来的风险是有些优先级较低的缺陷对产品质量或者测试进度带来的影响很大。

(4) 其他问题:测试人员报告的缺陷被遗忘;产品发布后,遗留缺陷太多,管理人员将矛头指向测试人员;编写的事件报告不规范,使得开发人员不得不与测试人员面谈;地域分散的开发团队,通过 E-mail 交流缺陷信息,缺陷状态混乱,相关人员无法及时获得有关的变更信息等。

对于在管理缺陷过程中出现的这些问题,必须要以保证产品质量为依据寻找解决方案,对于有争议的问题,由缺陷评审委员会来做最终的裁决。解决这些问题,另外一个有效的办法是采用缺陷管理跟踪系统。通过缺陷管理跟踪系统,相关人员可以报告、管理以及分析缺陷报告、缺陷分布和缺陷趋势等。同时这个系统也是建立缺陷跟踪数据库的基础,有助于进行缺陷的收集、分析和度量,从而进行过程改进和提高软件质量。

5.7 习题

1. (K2)在系统测试过程中,下面哪个度量项最适合衡量测试过程的进度?(　　)

   A. 代码的测试覆盖率

   B. 发现并修改的缺陷数量

   C. 缺陷的分布信息

   D. 测试用例执行数目

2. (K1)下列风险中,属于项目风险的是(　　)。

   A. 软件开发商交付的软件产品无法安装到新的操作系统中

   B. 软件开发商无法按时交付软件产品

   C. 软件产品内的功能异常

   D. 软件的性能没有达到要求

3. (K1)下列风险中,属于产品风险的是(　　)。

   A. 测试项目中测试人员的技能不足

   B. 与测试人员进行需求和测试结果沟通方面存在的问题

   C. 软件没有按用户需求实现既定的功能

   D. 供应商的问题

4. (K2)可能的独立测试的类型有哪些?(　　)

   (1) 没有独立的测试人员,开发人员测试自己的代码

   (2) 开发团队内独立的测试人员

(3) 组织内独立的测试小组或团队,向项目经理或执行经理汇报

(4) 来自业务组织、用户团体内的独立测试人员

(5) 针对特定测试类型的独立测试专家

(6) 外包或组织外的独立测试人员

A. (5),(6)

B. (2),(3),(4),(5)

C. (2),(3),(4),(5),(6)

D. (1),(2),(3),(4),(5),(6)

5. (K1)以下不属于测试组长的主要任务的是(　　)。

A. 制定或评审项目的测试策略和组织的测试方针

B. 决定什么应该自动化、自动化的程度,以及如何实现

C. 确定对测试件进行配置管理,以保证测试件(Testware)的可追溯性

D. 分析、评审和评估用户需求说明书及模型的可测试性

6. (K1)以下一般不用于集成测试入口准则的是(　　)。

A. 测试环境已经准备就绪并可用

B. 测试环境中的测试工具已经准备就绪

C. 测试数据可用

D. 集成测试执行结束

7. (K2)以下关于测试估算的描述错误的是(　　)。

A. 测试工作量估算可以采用基于度量的方法

B. 测试工作量估算可以采用基于专家的方法

C. 测试工作量估算会受到产品的特点、开发过程的特点的影响

D. 测试工作量估算与可能发现的缺陷数量无关

8. (K1)以下不属于测试报告的主要内容的是(　　)。

A. 在测试阶段发生了什么,例如达到测试出口准则的日期

B. 通过分析相关信息和度量可以对下一步的活动提供建议和做出决策

C. 对仍然存在的缺陷的评估

D. 为已定义的不同测试任务分配的资源

9. (K1)下面哪个不属于测试控制措施?(　　)

A. 基于测试监控信息来做决策

B. 指定测试的入口准则和出口准则

C. 如果一个已识别的风险发生,重新确定测试优先级

D. 根据测试环境可用性,改变测试的时间进度表

10. (K1)以下属于项目风险的是(　　)。

A. 与测试人员进行需求和测试结果沟通方面存在的问题

B. 易错(Failure-prone)的软件交付使用

C. 软件/硬件对个人或公司造成伤害的可能性

D. 劣质的软件特征(例如功能性、可靠性、可用性和性能等)

11. (K2)下列<u>不属于</u>事件报告的主要目的和作用的是哪个?(　　)

A. 为开发人员和其他人员提供问题反馈,在需要的时候可以进行识别、隔离和纠正

B. 为测试组长提供一种有效跟踪被测系统的质量和测试进度的方法

C. 提高开发人员的编程技能

D. 为测试过程改进提供资料

12. (K1)下列哪个任务应该是测试人员的主要职责?(　　)

A. 制定测试计划与测试过程监控

B. 选择合适项目的测试工具和确定所使用的测试技术

C. 建立测试环境,根据需要使用测试管理工具

D. 编写测试报告与结果分析

13. (K2)制定测试计划的时候,下列哪个因素是<u>最不可能</u>考虑的?(　　)

A. 识别测试目标

B. 测试的入口准则与出口准则

C. 测试风险

D. 测试团队的合作氛围

14. (K1)下列关于配置管理的描述,哪个选项是<u>不正确</u>的?(　　)

A. 配置管理可以帮助测试过程的监控

B. 配置管理帮助识别测试文档版本

C. 测试计划中需要选择测试配置管理工具

D. 测试相关的配置管理包括测试配置项的识别、版本控制与变更控制等

第6章 软件测试工具

学习目标

编号	学习目标描述	级别
LO-6.1.1	根据测试工具的用途和基本的测试过程和软件生命周期活动,对不同类型的测试工具进行分类	K2
LO-6.1.2	解释术语"测试工具",用测试工具支持测试的目的	K2
LO-6.2.1	总结测试自动化和使用测试工具的潜在利益和风险	K2
LO-6.2.2	记住使用测试执行工具、静态分析工具和测试管理工具时应当考虑的特定因素	K1
LO-6.3.1	阐述将工具引入组织中的主要原则	K1
LO-6.3.2	阐述为评估工具所进行的调查学习验证以及为实施工具所展开的试点阶段的目的	K1
LO-6.3.3	识别要获得好的工具支持,仅靠购置工具是不够的,还需要考虑其他因素	K1

术语

术语	含义	解释
Configuration Management Tool	配置管理工具	支持对配置项进行识别、控制、变更管理、版本控制和发布配置项基线的工具
Coverage Tool	覆盖工具	对执行测试套件能够覆盖的结构元素如语句、分支等进行客观测量的工具
Debugging Tool	调试工具	程序员用来复现软件失败、研究程序状态并查找相应缺陷的工具。调试器可以让程序员单步执行程序、在任何程序语句中终止程序和设置、检查程序变量
Dynamic Analysis Tool	动态分析工具	为程序代码提供实时信息的工具,通常用于识别未定义的指针,检测指针算法和内存地址分配、使用及释放的情况以及对内存泄露进行标记
Incident Management Tool	事件管理工具	辅助记录事件并对事件进行状态跟踪的工具,这种工具常常具有面向工作流的特性,以跟踪和控制事件的资源分配、更正和再测试,并提供报表
Load Testing Tool	负载测试工具	参见 Performance Testing Tool
Performance Testing Tool	性能测试工具	一种支持性能测试的工具,通常有两个功能:负载生成和测试事务测量。负载生成可以模拟多用户或者大量输入数据。执行时,对选定的事务的响应时间进行测量并记录。性能测试工具通常会生成基于测试日志的报告以及负载对应响应时间的图表
Modeling Tool	建模工具	用来创建、修改和验证软件或系统模型的工具
Monitoring Tool	监测工具/监视工具	参见 Monitor
Monitor	监测器/监视器	与被测组件/系统同时运行的软件工具或硬件设备,对组件/系统的行为进行监视、记录和分析
Probe Effect	探测影响	在测试时测试工具(例如性能测试工具或监测器)对组件/系统产生的影响。例如,使用性能测试工具可能会使系统的性能有小幅度降低
Review Tool	评审工具	对评审过程提供支持的工具,典型的功能包括计划评审、跟踪管理、通信支持、协同评审以及对具体度量(单位)收集与报告的存储库
Security Tool	安全性工具	提高运行安全性的工具
Static Analysis Tool	静态分析工具	参见 Static Analyzer
Static Analyzer	静态分析器	执行静态分析的工具
Stress Testing Tool	压力测试工具	支持压力测试的工具
Test Comparator	测试比较器	执行自动测试比较实际结果和预期结果的测试工具
Test Data Preparation Tool	测试数据准备工具	一种测试工具,用于从已存在的数据库中挑选数据,或创建、生成、操作和编辑数据以备测试

续表

术　语	含　义	解　释
Test Design Tool	测试设计工具	通过生成测试输入来支持测试设计的工具。测试输入可能来源于 CASE 工具库（如需求管理工具）中包含的规格，工具本身包含的特定测试条件
Test Harness	测试用具	包含执行测试需要的桩和驱动的测试环境
Test Execution Tool	测试执行工具	使用自动化测试脚本执行其他软件（如捕捉/回放）的一种测试工具
Test Management Tool	测试管理工具	对测试过程中的测试管理和控制部分提供支持的工具。它通常有如下功能：测试件的管理、测试计划的制定、结果纪录、过程跟踪、事件管理和测试报告
Unit Test Framework	单元测试框架	运用此工具可以为单元或组件测试提供环境，在此环境中可进行隔离测试，或者运用适当的桩或驱动程序进行测试。同时也可以为开发人员提供相关支持，例如调试能力
Data Driven Testing	数据驱动测试	将测试输入和期望输出保存在表格中的一种脚本技术。通过这种技术，运行单个控制脚本就可以执行表格中所有的测试。像录制/回放这样的测试执行工具经常会应用数据驱动测试方法，参见 Keyword Driven Testing
Keyword Driven Testing	关键字驱动测试	一种脚本编写技术，所使用的数据文件不单包含测试数据和预期结果，还包含与被测程序相关的关键词。用于测试的控制脚本通过调用特别的辅助脚本来解释这些关键词
Scripting Language	脚本语言	一种用于编写可执行测试脚本（这些脚本被测试执行工具使用，如录制/回放工具）的编程语言

6.1 测试工具的类型

测试过程中的每个阶段，都有不同的测试工具可以支持测试活动。本章主要从使用测试工具的意义和目的入手，讲解测试工具的主要分类，以及测试过程中常用的一些工具类型的基本原理，例如测试管理工具等。

6.1.1 使用测试工具的意义和目的

测试工具可以极大地提升测试工作的效率，并能完成手动无法完成的一些测试任务，前提是要用正确的方法使用正确的工具。不同的测试工具，可以支持的测试活动是不同的，例如：

（1）直接用于测试的工具，如测试执行工具、测试数据生成工具和结果对比工具。

(2) 测试过程管理工具,如用于管理测试、测试结果、数据、需求、缺陷等的工具。利用这些工具还可以报告和监控测试执行。

(3) 用于监测被测对象的工具,即该工具起到监视、记录和分析的作用,如监控应用程序文件活动的工具。

(4) 任何对测试有帮助的工具,从这个意义来说,电子表格也是测试工具。

根据实际情况,测试工具可以帮助测试人员达到如下目的。

(1) 可以通过自动化方式,完成一些重复的测试任务以改进测试活动的效率,或支持手动测试活动,如支持测试计划、测试设计、测试报告与监控等活动。

(2) 当手动进行测试需要大量资源时,可使用自动化方式执行测试,例如静态分析等。

(3) 无法手动完成的测试可以借助于相应的工具完成,例如基于CS(Client / Server 客户机/服务器)结构的应用程序的大规模性能测试。

(4) 增加测试的可靠性,例如进行大量数据的自动比较或行为模拟分析。

在运作良好的测试团队当中,测试工具往往作为一个重要和独立的方面进行管理。任何测试工具的版本、测试脚本或测试场景,都应该处于配置管理之下并与被测试软件的特定版本绑定。测试工具的管理活动主要涉及:

(1) 建立测试工具使用的环境和框架。

(2) 保证测试工具脚本、工具版本、补丁信息等的关联性,并处于配置管理之下。

(3) 创建和维护测试脚本库(如测试用例中相同步骤或内容的复用)、把测试工具执行方法文档化(如组织中使用工具的过程)。

(4) 为后续开发和实现结构化的测试用例做准备,例如使它们具有可扩展性和维护性。

6.1.2 测试工具分类

在测试过程中会使用到很多工具,如需求管理工具、测试管理工具、缺陷(事件)管理工具、静态分析工具、动态分析工具、测试设计工具、自动化测试执行工具、性能测试工具等,还有很多有用的辅助工具,如数据对比工具、文档编辑工具、配置管理工具、监测器等。这些测试工具可以支持不同类型的测试活动。测试工具可以按照不同的规则进行分类,例如,可以按不同的目的分类,也可以按商业工具、免费工具、开源工具和共享工具来分类,或按工具使用的技术进行分类。下面将按照测试工具能支持的测试活动来进行分类,主要可以分如下几大类。

(1) 测试管理工具。

(2) 静态测试工具。

(3) 测试设计工具。

(4) 测试执行和记录工具。

(5) 性能测试和监测工具。

(6) 特定应用领域的工具。

有些工具只支持一种测试活动,而有些工具能支持多种测试活动,此时测试工具可以按照其最明确支持的活动进行分类。有些测试工具通过自动化重复性的工作来提高测试的效率,测试工具也可以通过诸如大量数据比较的自动化或模拟系统的行为来改善和提高测试的可靠性。

有些类型的测试工具本身是植入式的,工具本身会影响测试对象的行为,例如使用不同的性能测试工具测出来的实际时间特征会有所不同,或使用不同的覆盖率分析器工具可能测量出不同的覆盖率,在使用这些工具时也应该很好地关注这些特征。

下面将分别介绍能支持不同测试活动的工具类型。

6.1.3 测试管理的工具支持

这里列举的管理工具适用于整个软件生命周期中的所有测试活动。

1. 测试管理工具

测试管理工具能有效管理整个测试过程,这些工具自身往往集成了需求管理、事件管理并有配置管理的支撑,或提供与测试执行、事件跟踪和管理、需求管理的接口。作为管理工具的另一个特征是能提供定量分析报告。有配置管理的支持,测试管理工具能在需求、测试条件、测试用例甚至是测试结果间进行双向追溯,并可提供独立的版本控制能力。

由于测试管理工具往往需要管理多个项目,不同的项目可能对应不同的客户/用户,不同的客户/用户又可能有不同的需求。这就要求测试管理工具能提供多种接口,通过接口调用常用的其他工具。例如,通过测试管理工具能管理测试用例,执行某个测试用例时只需通过测试管理工具的接口调用相应自动化执行工具,再由自动化测试工具运行相应的测试脚本,测试的结果再通过接口反馈给测试管理工具统一进行管理。这里,测试管理工具应该能提供多种不同自动化测试工具的接口。

通常情况下,测试管理工具能对测试过程进行全方位和无缝的管理,这些管理包括管理需求、规划测试、开发和维护测试用例、执行测试、管理事件(缺陷)报告、管理测试结果,并以直观和容易理解的方式输出测试的总结报告。

由于配置管理工具的支持,使得测试管理工具具有很好的可追溯性,可以从测试结果追溯到测试用例,从测试用例又可追溯到需求,也可很方便地从需求找到相应的测试用例。在测试管理工具中不仅统一保存了各种相关文档(包括测试用例、测试脚本、事件报告)和测试结果以及测试环境等,并且还保存了它们的历史数据以及它们的关联性(配置)。

2. 需求管理工具

测试的标准最终要追溯到需求,需求的质量直接影响到测试的质量。同时,测试还要考虑覆盖需求。这就需要对需求进行有效管理。使用需求管理工具能有效避免需求间的自相矛盾、冗余的需求或遗漏的需求等。需求管理工具存储了需求的描述和其他属性(例如优先级),为每个需求提供唯一的标识符,并保证了从需求到相应测试用例的可追溯性。

使用统一的需求管理工具也能有效避免开发过程所使用的需求与测试过程所使用的需求的不一致性。

3. 缺陷管理工具

缺陷管理工具存储并管理缺陷报告,它在缺陷的整个生命周期内能对缺陷进行有效管理,并根据需要对缺陷进行分析。

4. 配置管理工具

严格来说,配置管理工具并不能算是真正的测试工具,但在对测试件和相关软件的存储和版本管理时却是必要的,尤其是配置多个硬件/软件环境的时候,例如操作系统版本、编译器、浏览器等。

测试过程中需要综合运用各种测试工具,而测试工具与其他一些工具的组合也变得越来越重要,特别是测试管理工具。综合运用测试工具可以完整地跟踪测试状态,从需求到测试用例和测试结果,再到缺陷报告和代码变更,例如:

(1) 需求可从需求管理工具中导入,并用于制定测试计划。这样就可以在需求管理工具或测试管理工具中观察和跟踪每个需求的测试状态。

(2) 测试执行工具可从测试管理工具中启动并获取测试规程。测试结果自动返回测试管理工具并归档。

(3) 通常,测试管理工具和缺陷管理工具都是联合使用的。因此,可以生成确认测试(再测试)的计划,也就是用于验证最新版本的测试对象中缺陷是否已被成功修正的一系列必要的测试用例。

(4) 通过配置管理,每次代码变更都能够关联到某缺陷或变更请求。

测试管理工具和缺陷管理工具具备丰富的分析和报表功能,因此可以借助这些测试工具得到数据生成完整的测试文档,例如测试报告。通过测试工具收集的数据可以按多种方式进行量化评估,例如,确定已运行的测试用例的数量,以及成功运行的测试用例的数量,或者测试过程中发现属于某个特定缺陷类型的失效的频率。这些信息有助于评估测试的进度和管理测试的过程。

6.1.4 静态测试的工具支持

静态测试工具提供了一种在开发过程的早期发现尽可能多的缺陷的高性价比的手段。

1. 评审工具

这类工具可支持评审过程、检查表、评审指导方针,并且能用于存储和交流评审意见、以及缺陷和工作量报告,还能进一步为庞大的或分布于不同地区的团队提供在线评审支持。

2. 静态分析工具(D)[①]

这类工具通过提供对标准编码规范、结构和其相关性分析的支持,从而帮助开发和测试人员在动态测试之前尽早发现一些缺陷或隐患。这类工具也可以对代码进行度量(例如复杂性),以支持风险分析和测试计划制订。

静态分析工具通常是由开发人员在组件测试和集成测试之前使用的辅助工具。在进行静态分析时,不需要运行被测试的程序,而是通过运行静态分析工具对程序代码进行检查。例如,可以对程序的数据流和控制流信息进行分析,找出系统的缺陷或缺陷的隐患,得出测试分析报告。在开发的早期进行静态分析能提高软件的质量、降低质量保障的成本,但是用人工阅读代码的方法工作量巨大,所以产生了专门对软件进行静态分析的测试工具。

静态分析工具发现的典型问题请参见 3.3 节。

静态分析工具与人工进行分析的方式相比,一方面能提高分析工作的效率,另一方面也能保证分析的全面性、可靠性和正确性。

静态分析工具直接对代码进行分析,不需要运行代码,也不需要对代码进行编译、连接和生成可执行文件。它一般是对代码进行语法扫描,找出不符合编码规范的地方,根据某种质量模型评价代码的质量,生成系统的调用关系图等。

3. 建模工具(D)

建模工具可以用来确认软件模型(例如关系型数据库的物理数据模型),可以列举其不一致性并发现缺陷。它们通常也用于生成一些基于模型的测试用例。

6.1.5 测试说明的工具支持

测试设计工具能够根据需求、图形用户界面(GUI)、设计模型(状态、数据或对象)或

---

① 这里的(D)表示该类工具更多的是由开发人员来使用的。

代码生成测试用例或其中的一部分。

1. 测试设计工具

测试设计工具可以根据以下参考输入生成测试用例。

（1）需求文档：测试人员从需求文档出发，为每个需求设计出相应的测试用例并不困难，但是要考虑需求与需求间的相互作用和所有可能的组合，这就非常困难。而如果使用测试设计工具辅助从需求文档生成测试用例，就会考虑到所有可能的组合，避免遗漏一些场景。从需求文档自动生成测试用例的前提是需求文档必须严格按照工具规定的格式书写，否则工具就无法识别和分析。通常所生成的测试用例数目也非常庞大，需要人工筛选出有意义的组合。另外，所生成的测试用例一般也只是测试用例框架，需要人工完善。

（2）图形用户界面：对图形用户界面的测试尽管可以使用一些有效的测试技术支持，例如使用基于状态转换的测试方法等，但往往还是比较复杂和繁琐，很难去考虑各个屏幕上元素间的组合、不同路径和顺序可能的输出结果。而如果使用测试设计工具，这些繁琐和复杂的工作就由工具自动执行。工具能自动从屏幕获取这些元素并考虑各种可能的组合等，同时生成相应的测试用例（框架）。但是，当生成的测试用例的数目非常庞大的时候，还需要从这些众多的测试用例（框架）中选择一些有意义的测试用例并进行完善。

（3）设计模型（状态、数据或对象）：测试设计工具也可以从系统或产品的模型自动生成测试用例，例如，用统一建模语言（Unified Modeling Language，UML）对系统或产品建模后，可以使用测试设计工具阅读和分析模型并设计出相应的测试用例，甚至可以生成自动化测试脚本，进行自动化测试，从而可以快速验证实际系统或产品是否与模型一致。这种方法能有效应对各种变更，例如需求变更或技术更新后，只要修改或重构模型，运行测试设计工具生成测试脚本，即可验证实际系统是否与模型一致。

（4）代码：还有些测试设计工具可以阅读和分析程序的代码，可以根据代码的结构以及测试的要求自动设计出相应的测试用例。例如，可以要求覆盖所有的可执行的代码语句或至少覆盖所有判定分支的85%等。

通过工具设计测试用例的一个前提条件是要保证工具能识别这些输入，对这些输入的编写要求很高。例如需求必须符合特定的格式，甚至使用特定的描述语言。另外，测试设计是个创造性的工作，只能使用工具来提高效率、挖掘更深入且往往会被忽略的组合等。但测试设计工具无法检查出这些输入本身的逻辑和理解的错误，例如，需求内的逻辑错误、模型本身的错误等。

需要注意的是，有时候测试设计工具不能生成完整的测试用例，而只是生成了测试用例的输入和测试用例的期望结果作为测试用例的框架。

2. 测试数据成生工具

随着各种信息的不断涌入，大数据时代已经来临，为了更好地模拟用户的真实场景，或者覆盖更多的测试输入，在测试过程中需要大量的数据。测试数据生成工具用来处理数据库、文件或数据传输，并且生成可以在测试执行过程中使用的测试数据，并通过数据匿名来确保安全性。

6.1.6 测试执行和记录工具

自动化的测试执行工具把测试人员从机械化的测试执行任务中解放出来。测试执行工具给测试对象提供测试数据，记录测试对象的反应。当这种工具与测试对象运行在同一平台时，可能会影响测试对象运行时的行为（例如占内存的容量和消耗处理器时间）和测试结果，所以在使用这种工具执行测试和评估结果时应加以关注。由于测试执行工具需要和测试对象的特定测试接口相连接，因此这些工具对于不同测试级别（例如组件、集成、系统测试）会有很大的差别。

测试驱动器或测试用具可以是商业化的产品，也可以是单独开发的工具，它们提供通过测试对象的编程接口对被测对象执行测试的功能。也可用于测试那些没有用户界面的测试对象，因为对没有用户界面的测试对象的测试往往是手工无法直接操作的。测试用具主要用于组件测试和集成测试，或者完成部分系统测试中的特殊任务。此外，通用测试驱动器或测试台生成器能对测试对象的编程接口进行分析并生成测试用具。因此，这种工具是为特定编程语言或开发环境定制的。生成的测试用具包括必要的初始化和调用序列，以驱动测试对象。如果有必要，工具还会创建虚设备或桩，以及用来记录目标反应和测试日志的函数。因此，测试用具（生成器）显著降低了测试环境的编程工作量。互联网上有一些免费的通用解决方案（测试框架）。

如果软件系统的用户界面直接用作测试界面，那么可以使用所谓的测试机器人（Test Robot）。这些工具传统上叫做捕获/重放（Capture/Replay）或捕获/回放工具（Capture/Playback Tool）。在测试过程中，使用捕获/回放工具的过程如下。

（1）准备捕获：保证要自动化测试的用例已经设计完毕，并形成文档。

（2）进行捕获：打开自动化测试工具，启动录制功能，按测试用例中的描述，操作被测的应用程序。这时，所有的操作都以脚本的形式被录制。

（3）编辑测试脚本：对录制的脚本进行处理，通过加入检测点，比较期望的结果与实际的结果，比较的结果可以是中间结果，也可以是最终结果。并可以通过添加分支、循环等控制语句，增强测试脚本的功能。

（4）调试脚本：对成生的测试用例自动化测试脚本进行调试，以保证测试脚本的正确性。

（5）运行测试：通过自动化测试工具运行测试脚本，以确认软件的正确性，实现测试执行的自动化。

（6）分析结果和报告问题：查看测试自动化工具记录的运行结果和问题，报告测试结果。

6.1.7 性能测试工具和监测器

这里主要包括动态分析工具、性能测试工具和监控工具。

1. 动态分析工具

在测试执行时,动态分析工具可以获取额外的被测软件内部状态信息,例如有关内存分配、使用和释放的信息。因此,使用动态分析工具能有效发现内存泄漏、指针分配或指针运算等问题。

2. 性能测试/负载测试/压力测试工具

性能测试工具实际上是一种模拟软件运行环境的工具,它有助于在实验室里搭建出需要的测试环境,通过性能测试工具检验被测试对象是否达到客户所要求的性能指标。通过分析性能测试工具给出的数据能发现各种问题和性能瓶颈,有助于进一步改善系统性能。现在,基于 Web 是软件系统发展的一个趋势,性能测试也就变得比以往更加重要,性能测试工具也自然会在软件测试过程中被更多地使用。

性能测试工具监测和报告系统模拟大量并发用户使用系统时的性能表现。通常所说的性能测试工具往往包含了负载测试和压力测试的功能,通过持续不断地增加并发使用系统的用户数目来获得系统能承受的最大负载,以及系统的一些与时间相关的特性,例如,使用系统的并发用户数与系统处理业务时间的关系等。另外,还可以通过性能测试工具发现系统的问题和瓶颈,从而可以采取优化措施(系统调优)。这里作为系统负载的并发用户是由工具的负载生成器模拟生成的虚拟用户,这些虚拟用户可以分布在不同的测试机上。

3. 监控工具

在性能测试过程中,除了需要通过负载生成器模拟生成虚拟用户外,还需要通过监测器监测系统某些点的变化情况,例如系统的网络、服务器、数据库、网络设备等,从而获得系统的性能数据,通过对这些数据的分析,快速、高效地发现系统的问题。严格地说,监测器本身不属于测试工具,但是在做性能测试时却不能缺少监测器。

6.2 有效使用工具:可能的收益与风险

在测试过程中使用工具的目的是提高测试效率、保障测试质量。这就需要让测试工具发挥其应有的作用,给测试带来收益。但是仅仅靠购买或租用工具并不能保证成功使用这些工具。要让工具带来真正且持续的收益还需要很多额外的工作。在考虑工具带来的收益的同时,还要考虑使用工具可能的风险。

使用工具可能的收益包括:

(1) 能完成人工无法完成的测试工作。例如,没有性能测试工具的支持,仅靠人工操作几乎无法执行性能测试,因为不可能召集几百几千个测试人员同步并行地操作被测系统;同样,有些分析工具能完成人工几乎无法完成的测试任务,例如需要长时间操作的测试。

(2) 能替代人工进行重复性的工作。例如,使用自动化执行工具持续不断进行回归测试;针对相同的测试脚本采用不同的输入数据(数据驱动)进行测试;静态分析工具持续对代码进行检查等。

(3) 能更好地保持一致性和可重复性。例如,使用自动化执行工具时,一般只要按照相同的顺序(测试脚本)和相同的输入并保持相同的环境,输出结果可以保持一致并可重复;使用测试设计工具从需求生成测试用例时也能高度保持一致性和可重复性。

(4) 能保证客观的评估。例如,使用静态分析工具对程序代码(组件/模块)进行复杂程度分析;可以使用基于结构的测试(白盒测试)工具根据覆盖要求对代码进行测试,这里的覆盖率能客观地量化和评估。

(5) 能容易得到测试相关的信息。软件测试的目的之一是要向利益相关者提供和测试相关信息,以帮助他们对这些信息进行分析和评估;这些信息可以协助确定软件的发布与否;这些信息也可以验证测试计划以及协助制定测试计划。这些信息可以是关于测试进展的统计和图表、有关缺陷(事件)的信息和性能方面的信息等。

(6) 能提升测试人员和测试团队的技能水平。工具通常可以针对某些方面提供系统化的解决方案,从工具的操作中,测试人员可以系统地了解很多测试和管理知识。例如,通过学习和使用测试管理工具,测试人员可以更好地了解测试的流程。

虽然使用工具可以给测试团队带来很多好处,但是也存在潜在的风险,包括:

(1) 对工具抱有不切实际的期望。这是在那些缺少自动化测试经验的企业和组织中常见的风险。由于测试过程的不完善、测试管理的混乱,总是希望能使用一些新的工具帮他们解决这些问题,至少能将问题简化。但非常可惜的是,测试工具无法完成这些任务,如果测试过程和管理的问题没有解决,而是盲目地引入工具,试图通过工具本身来解决这些问题,那结局可能是更加混乱。所以应确保对测试工具有合理的期望,包括工具的功能和特性以及能带来的收益。

(2) 低估首次引入工具所需的时间、成本和工作量。对一些缺乏经验的测试人员或经理,当看到供应商给出的示例中,在 30 分钟内测试了数十个界面或几百万行代码,特别是对捕获/回放功能,以为测试真的可以一键完成,会认为这就是工具的效果。然而,一个经过精心准备和包装的示例与在整个组织中推广一个工具是完全不同的概念。工具的首次引入需要从企业和组织对工具的需求分析开始,在测试过程中是否需要使用工具,需要什么样的工具,应该具有哪些功能,是使用开源还是商业工具。对企业和组织自身的了解,包括现存的测试过程、正在使用的工具、人员的资质等,因为引入新工具是与这些因素密切相关的。还需要对工具的使用者进行培训，包括外部培训等。

（3）低估从工具中获得较大和持续性收益需要付出的时间和工作量。很多企业和组织花费了数年时间才在测试投资上获得了收益。而这些获得收益的企业和组织还算是幸运的，还有很多企业和组织因不正确地引入工具，最终导致亏损而放弃使用这些工具。要从工具中获得较大和持续性的收益，需要花大量的时间去建立测试框架、与其他工具集成、为工具的使用制定标准和指南、为使用工具的方式而更改测试过程并不断改进。

（4）低估了要让工具带来收益而需进行工具维护的工作量。有些企业和组织会减少初始的测试开发的投入以及工具使用的培训的投入，创建一些脆弱的、难以维护的测试脚本。例如，简单使用捕获/回放功能快速生成的测试脚本。这些测试脚本会给以后的维护带来困难，无法面对频繁的（被测软件系统和环境）变更，大大增加了维护的费用。另外，很多企业和组织无法恰当地预估测试维护的预算，降低了测试自动化的投资回报率。工具的维护包括工具本身的更新换代、供应商的技术支持、以及相应使用环境和脚本的维护等。

（5）对测试工具过分依赖。有些企业和组织会过分依赖某些工具，认为有了这些工具就可以有效地完成测试任务，这是非常危险的。有些工具（例如测试设计工具）能协助测试员更好地提高工作效率。但这些工具并不能完全替代人工的工作，因为测试设计需要创造性和灵感。如果过分依赖这些工具而忽视了人的因素，可能会严重影响测试设计的质量。有时，人们试图将测试的执行100%自动化，久而久之放松了对测试对象和测试用例的学习和理解，从而无法有效进行维护，降低了测试的质量。在某些情况下，可能更适合人工测试，因为在这些情况下使用自动化测试，会导致更大的风险和需要更多的开销（人力、时间、费用）。

（6）忽视了多个重要工具之间的关联和互操作性。工具的引入不是孤立的，它与很多方面都有关联，例如，新的工具与原有已经在组织内使用的工具的关系、与组织内使用的测试过程的关系、与使用工具的人员的关系等。引入工具时应该考虑与现有的需求管理工具、版本控制工具、缺陷（事件）管理和跟踪工具、自动化测试执行工具和其他从不同供应商获得的工具的关联和互操作性。

（7）其他风险。包括工具供应商破产、停止维护工具或将工具卖给其他供应商的风险；供应商对工具的支持、升级和缺陷修复反应不及时的风险；开源/免费工具项目中止的风险；不能支持新平台的风险等。

6.3 组织内引入工具

在企业或组织内引入测试工具主要包括三个步骤：首先，根据项目或工作需求，为企业或组织选择合适的测试工具；其次，所选测试工具在企业或组织内进行试用（试点项目）；最后，在企业或组织内逐步推广工具。通过使用工具去不断地学习和掌握工具，并通过观察和思考不断地完善工具的使用,同时还要持续关注引入工具的成本和效益比。

6.3.1 选择工具的过程

选择合适工具包括如下几个步骤。
(1) 评估实际需求:在项目或工作中是否需要工具,需要什么样的工具等。
(2) 需求规范:列出各种需求并根据实际情况标上优先级。
(3) 市场调查:在互联网、行业杂志、贸易展会上搜寻测试工具,并做出初步决定。
(4) 工具演示:请工具提供商示范工具的使用,并最好能针对项目进行演示,同时请项目的技术人员参与演示。
(5) 列出可选工具:列出一些能基本满足要求的候选工具。
(6) 工具评估:对所列工具进行全面评估。
(7) 选定工具:最终确定选用的(试用)工具。

为组织选择工具所需要考虑的关键点有:
(1) 评估组织的成熟度、分析引入工具的优点和缺点和认识引入工具改善测试过程的可能性。
(2) 根据清晰的需求和客观的准则进行评估。
(3) 适应性验证,在评估阶段要确认在现有的情况下使用工具对被测软件是否有足够的效果,或为了有效使用工具,目前的基础设施需要如何改变。
(4) 评估供应商(包括培训、提供的支持及其他商业方面的考量),如果是非商业性工具要评估提供服务的供应商。
(5) 为了在工具使用方面得到更好的指导和培训,需要先收集内部需求。
(6) 评估培训需求时需要考虑现有测试团队的资质和所掌握的技能。
(7) 根据实际的情况估算成本-收益比。

6.3.2 被选工具的试用——试点项目

将已经选择的工具引入组织要从一个试点项目开始,由点到面地进行推广,试点项目有以下目的。
(1) 通过试点项目对工具有更多的认识。
(2) 评估工具与现有的过程以及实践的配合程度,确定哪些方面需要作修改。
(3) 定义一套标准的方法来使用、管理、存储和维护工具(例如文件和测试的命名规则、创建框架和定义模块化测试套件等)。
(4) 评估在付出合理的成本后能否得到预期的收益。

在选择试点项目时要注意不能选择关键和重要的项目,因为新工具的引入本身就有风险,可能会因为新工具的引入导致项目无法按时按质完成,给企业或组织带来损失。

选择的试点项目规模也不能太小,否则工具的很多功能或特征无法被充分地认识和验证,也无法通过试点项目对新工具进行正确的评估。

6.3.3 工具的部署

工具如果顺利通过试点项目的试用,可以在组织内逐渐推广。在企业和组织内成功部署工具的主要因素包括:
(1) 逐步在组织的其余部分将工具推广到测试中。
(2) 调整并改进过程来配合工具的使用。
(3) 为新使用者提供培训和指导。
(4) 定义使用指南。
(5) 实施一种在实际运用中收集工具使用情况的方法。
(6) 监控工具的使用和收益情况。
(7) 为测试团队使用工具提供支持。
(8) 在所有团队内收集经验和教训。

6.4 习题

1．(K1)将选择的工具引入组织要从一个试点项目开始,下面哪一个不属于试点项目的目的?(　　)
　　A. 通过试点项目使得对工具具有更多的认识
　　B. 评估工具的成本和收益是否合理
　　C. 通过试点项目评价员工的学习能力
　　D. 评价工具和现存的过程以及实践的配合程度,确定哪些方面需要作修改和完善

2．(K1)为测试执行、缺陷跟踪和需求管理提供接口,还提供对数据进行定量分析。它还支持追溯测试对象到需求说明并可提供独立的版本控制能力或提供一个外部接口。这种工具是(　　)。
　　A. 测试执行工具
　　B. 测试管理工具
　　C. 配置管理工具
　　D. 事件管理工具

3．(K1)以下不属于评审工具的主要作用的是(　　)。
　　A. 对代码进行度量(例如复杂度)可以帮助计划或风险分析
　　B. 存储和交流评审意见、缺陷和工作报告
　　C. 为庞大的或分布于不同地区的团队提供在线评审

D. 可支持评审过程、检查表、评审指导方针

4. (K1)下面不属于使用工具的潜在收益的是(　　)。

A. 减少重复性的工作

B. 更好的一致性和可重复性

C. 容易得到测试和测试的相关信息

D. 不用考虑不同工具之间的关系和互操作性

5. (K2)为组织选择一个工具所需要考虑的关键点有哪些？(　　)

(1) 评估组织的成熟度(Maturity)

(2) 分析引入工具的优点和缺点和认识引入工具改善测试过程的可能性

(3) 根据清晰的需求和客观的准则进行评估

(4) 对工具提供商进行评估

(5) 确定在工具使用方面应提供的指导和内部培训需求

(6) 评估培训需求时需要考虑现有测试团队的自动化测试技能

(7) 根据实际的情况估算成本-收益比

A. (2),(3),(4),(5)

B. (1),(2),(6)

C. (1),(3),(5),(6),(7)

D. (1),(2),(3),(4),(5),(6),(7)

6. (K1)通过动态分析工具比较容易发现下面的哪个问题？(　　)

A. 控制流问题

B. 数据流问题

C. 内存泄漏

D. 编码规范问题

7. (K1)下列关于测试管理工具的描述,哪个是不正确的？(　　)

A. 管理程序的代码文档

B. 管理和跟踪测试用例

C. 管理和跟踪测试执行进度

D. 管理各种测试文档

8. (K1)测试人员采用测试工具进行动态测试,下面的哪个论点是正确的？(　　)

A. 测试对象必须全部或者部分可以运行

B. 测试对象必须是通过 V 模型开发的

C. 测试对象必须完成了组件测试

D. 测试对象必须通过了验收测试

9. (K1)组织中引入测试工具,下面哪些因素是需要考虑的？(　　)

a. 测试工具的购买价格

b. 测试工具的维护成本

c. 测试人员学习工具的成本
d. 测试工具与其他工具之间的兼容性
A. a
B. a，b
C. a，b，c
D. a，b，c，d

ISTQB初级认证考试考题分布

章节 \ K级别	K1	K2	K3	K4	总计
1. 软件测试生命周期	4	3	0	0	7
2. 软件生命周期中的测试	4	2	0	0	6
3. 静态技术	2	1	0	0	3
4. 测试设计技术	4	2	5	1	12
5. 测试管理	3	3	2	0	8
6. 软件测试工具	3	1	0	0	4
总计	20	12	7	1	40

课后习题参考答案

第1章

题号	参考答案	题号	参考答案
1	C	11	B
2	B	12	A
3	D	13	D
4	D	14	B
5	A	15	D
6	D	16	C
7	D	17	B
8	D	18	C
9	A	19	B
10	D		

第2章

题号	参考答案	题号	参考答案
1	C	8	D
2	D	9	B
3	C	10	A
4	C	11	C
5	B	12	B
6	D	13	D
7	D	14	A

第3章

题号	参考答案	题号	参考答案
1	C	5	B
2	A	6	B
3	B	7	C
4	B	8	D

第 4 章

题号	参考答案	题号	参考答案
1	A	10	A
2	D	11	B
3	A	12	B
4	D	13	B
5	D	14	B
6	D	15	A
7	D	16	C
8	D	17	D
9	D	18	A

第 5 章

题号	参考答案	题号	参考答案
1	D	8	D
2	B	9	B
3	C	10	A
4	D	11	C
5	D	12	C
6	D	13	D
7	D	14	A

第 6 章

题号	参考答案	题号	参考答案
1	C	6	C
2	B	7	A
3	A	8	A
4	D	9	D
5	D		

附录三 参考资料

[1] Royce W, Managing the Development of Large Software Systems: Concepts and Techniques, Proc. IEEE WESCON, 1970.

[2] Andreas Spilner, Tilo Linz, Hans Schaeffer, SoftwareTesting Foundations. 北京:人民邮电出版社, 2008-4-1.

[3] Robert C Martin. 敏捷软件开发:原则、模式与实践. 邓辉译. 北京:清华大学出版社, 2003.

[4] Glenford J Myers. 软件测试的艺术. 王峰, 等译. 北京:机械工业出版社, 2006.

[5] 郑文强, 马均飞. 软件测试管理. 北京:电子工业出版社, 2010.

[6] B. Beizer, Software Testing Techniques (Second Edition), Van Nostrand Reinhold Company Limited, 1990.

[7] N. Fenton and S. Pfleeger, Software Metrics. 2nd ed., PWS Publishing, 1997.

[8] Len Sandler, Becoming an Extraordinary Manager: The 5 Essentials for Success, AMACOM, 2008.

[9] Steven M. Bragg, Cost Accounting: Comprehensive Guideby, John Wiley & Sons, 2001.

[10] Gerald M, Weinberg, Quality Software Management Volume 1: Systems thinking, Dorset House Publishing, 1992.

[11] Johann Rost, The Insider's Guide to Outsourcing Risks and Rewards, Auerbach Publications, 2006.

[12] Jonathan Bach, Session-Based Test Management, Software Testing and Quality Engineering magazine, 11/00.

[13] MO JAMSHIDI, SYSTEM OF SYSTEMS ENGINEERING: Innovations for the 21st Century, A John Wiley & Sons, 2009.

[14] B. Littlewood, Software Reliability: Achievement and Assessment, Blackwell Scientific Publications, November 1987.

[15] Ilene Burnstein, Taratip Suwannasart, C. R. Carlson, Developing a Testing Maturity Model, Crosstalk, 1996.

[16] Ilene Burnstein, Practical Software Testing: A Process-Oriented Approach, Springer, 2003.

[17] I. Burnstein, A. Homyen, R. Grom, C. R. Carlson, A Model for Assessing Testing Process Maturity, CrossTalk: Journal of Department of Defense Software Engineering, Vol. 11, No. 11, Nov., 1998, pp. 26-30.

[18] Koomen, Pol, TEST PROCESS IMPROVEMENT: A Practical Step-by-Step Guide To Structured Testing. 北京:高等教育出版社, 2003.

[19] Rex Black. 核心测试过程:计划、准备、执行和完善. 李华飚译. 北京:中国电力出版社, 2007.

[20] Rick D. Craig, Stefan P. Jaskiel, Systematic Software Testing, Artech House, 2002.

[21] SCAMPI Upgrade Team, Appraisal Requirements for CMMI(Version 1.2), www.sei.cmu.edu/cmmi, Augest 2006.

[22] Larry R. Williams, Keep'em Motivated: A Practical Guide to Motivating Employees, Marshall Cavendish, 2003.

[23] CSTQB, ISTQB 软件测试高级认证大纲, www.cstqb.cn, 2012.

[24] CSTQB, ISTQB 软件测试初级认证大纲, www.cstqb.cn, 2011.

[25] CSTQB, 软件测试专业术语中英文对照表(V 2.1), www.cstqb.cn, 2011.

[26] IEEE 829—2008 Standard for Software Test Documentation.

[27] IEEE 828—2005 Software Configuration Management Plan.

[28] IEEE 1008—1987 IEEE Standard for Software Unit Testing.

[29] IEEE 1028—2008 Peer Review.

[30] IEEE 1059—1993 IEEE Guide for Software Verification and Validation Plan.

[31] IEC 60812 failure mode and effects analysis (FMEA).

[32] IEC 61025 Fault tree analysis (FTA).

[33] IEEE 1044—1993 Incident Management.

[34] IEEE Std 1061 1998 Software Quality Metrics Methodology.

[35] ISO/IEC 16085—2006 Risk Management.

[36] ISO/IEC TR 19760—2003 Risk Management Process.

[37] ISO/IEC 9126-1—2001 Quality Model.

[38] GB-T 16260—1996 信息技术软件产品评价质量特性及其使用指南.

图书资源支持

感谢您一直以来对清华版图书的支持和爱护。为了配合本书的使用，本书提供配套的资源，有需求的读者请扫描下方的"书圈"微信公众号二维码，在图书专区下载，也可以拨打电话或发送电子邮件咨询。

如果您在使用本书的过程中遇到了什么问题，或者有相关图书出版计划，也请您发邮件告诉我们，以便我们更好地为您服务。

我们的联系方式：

清华大学出版社计算机与信息分社网站：https://www.shuimushuhui.com/

地　　址：北京市海淀区双清路学研大厦 A 座 714

邮　　编：100084

电　　话：010-83470236　　010-83470237

客服邮箱：2301891038@qq.com

QQ：2301891038（请写明您的单位和姓名）

资源下载：关注公众号"书圈"下载配套资源。

书圈

清华计算机学堂

观看课程直播